2
特别版

高质量用户体验
恰到好处的设计与敏捷UX实践

[美] **雷克斯·哈特森** (Rex Hartson)
帕尔达·派拉 (Pardha Pyla) ——著 **周子衿**—译

清华大学出版社
北京

内 容 简 介

本书兼顾深度和广度，涵盖了用户体验过程所涉及的知识体系及其应用范围（比如过程、设计架构、术语与设计准则），通过 7 部分 33 章，展现了用户体验领域的全景，旨在帮助读者学会识别、理解和设计出高水平的用户体验。本书强调设计，注重实用性，以丰富的案例全面深入地介绍了 UX 实践过程。

本书广泛适用于 UX 从业人员：UX 设计师、内容策略师、信息架构师、平面设计师、Web 设计师、可用性工程师、移动设备应用设计师、可用性分析师、人因工程师、认知心理学家、COSMIC 心理学家、培训师、技术作家、文档专家、营销人员和项目经理。本书以敏捷 UX 生命周期过程为导向，也可以帮助非 UX 人员了解 UX 设计，是软件工程师、程序员、系统分析师以及软件质量保证专家的理想读物。

图书在版编目(CIP)数据

高质量用户体验：第2版：特别版：恰到好处的设计与敏捷UX实践 / （美）雷克斯·哈特森（Rex Hartson），（美）帕尔达·派拉（Pardha Pyla）著；周子衿译.—北京：清华大学出版社，2023.2

书名原文：The UX Book: Agile UX Design for a Quality User Experience, 2nd edition

ISBN 978-7-302-60688-8

Ⅰ.①高… Ⅱ.①雷… ②帕… ③周… Ⅲ.①人机界面—程序设计 Ⅳ.①TP311.1

中国版本图书馆CIP数据核字(2022)第087921号

责任编辑：文开琪
封面设计：李　坤
责任校对：周剑云
责任印制：沈　露

出版发行：清华大学出版社
网　　　址：http://www.tup.com.cn, http://www.wqbook.com
地　　　址：北京清华大学学研大厦A座　　　　　　　邮　　编：100084
社 总 机：010-83470000　　　　　　　　　　　　　邮　　购：010-62786544
投稿与读者服务：010-62776969, c-service@tup.tsinghua.edu.cn
质量反馈：010-62772015, zhiliang@tup.tsinghua.edu.cn
印 装 者：小森印刷霸州有限公司
经　　销：全国新华书店
开　　本：185mm×230mm　　　　印　　张：54.75　　　　字　　数：1156千字
版　　次：2023年2月第1版　　　　印　　次：2023年2月第1次印刷
定　　价：256.00元(全4册)

产品编号：094314-01

北京市版权局著作权合同登记号 图字：01-2022-0599

The UX Book: Agile UX Design for a Quality User Experience, 2nd edition

Rex Hartson, Pardha S. Pyla

ISBN: 97801280534237

注　意

　　本书涉及领域的知识和实践标准在不断变化。新的研究和经验拓展我们的理解，因此须对研究方法、专业实践或医疗方法作出调整。从业者和研究人员必须始终依靠自身经验和知识来评估和使用本书中提到的所有信息、方法、化合物或本书中描述的实验。在使用这些信息或方法时，他们应注意自身和他人的安全，包括注意他们负有专业责任的当事人的安全。在法律允许的最大范围内，爱思唯尔、译文的原文作者、原文编辑及原文内容提供者均不对因产品责任、疏忽或其他人身或财产伤害及 / 或损失承担责任，亦不对由于使用或操作文中提到的方法、产品、说明或思想而导致的人身或财产伤害及 / 或损失承担责任。

"别慌！"

前言

"UX"是指"用户体验"

欢迎阅读第 2 版。我们认为，最好先让大家知道，"UX"是用户体验的简称 (User eXperience)。简单地说，用户体验是用户在使用前、使用中和使用后所感受到的，通常综合了可用性 (usability)、有用性 (usefulness)、情感影响 (emotional impact) 和意义性 (meaningfulness)。

本书目标

理解什么是良好的用户体验以及如何实现它。本书的主要目标很简单：帮助读者学会识别、理解和设计高质量用户体验 (UX)。有时，高质量的用户体验就像一盏明灯：当它发挥效用时，没有人会注意到它。有时，用户体验真的很好，会被注意到甚至被欣赏，会留下愉快的回忆。或者有时，糟糕的用户体验所带来的影响会持续存在于用户的脑海中，挥之不去。所以，在本书的开头，我们要讨论什么是积极正向的高质量的用户体验。

强调设计。高质量用户体验的定义容易理解，但如何设计却不太容易理解。也许本书这一版最显著的变化是我们强调了设计——一种突出设计师创作技巧和洞察力的设计，体现技术与美学和用户意义如何合成。本书第 III 部分展示多种设计方法，以帮助大家为自己的项目找到正确的方法。

给出操作方法。本书大部分内容都设计成操作手册和现场指南，作为渴望成为 UX 专业人士的学生和渴望变得更优秀的专业人士的教科书。该方法注重实用，而不是形式化或理论化的。我们参考了一些相关科学，但通常是为实践提供背景，因而不一定会详细说明。

读者的其他目标。除了帮助读者学习 UX 和 UX 设计的主要目标，读者体验的其他目标包括确保做到以下几点。

- 让大家对 UX 设计有浓厚的兴趣。
- 书中包含的内容很容易学习。
- 书中包含的内容很容易应用。
- 书中包含的内容同时适用于学生和专业人士。
- 对于广大读者，这种阅读体验至少有那么一点趣味性。

全面覆盖 UX 设计。我们的覆盖范围具有以下目标。

- 理解的深度：关于 UX 过程不同方面的详细信息 (就像有一个专家陪伴着读者)。
- 理解的广度：若篇幅允许，就尽可能全面。
- 广泛的应用范围：过程、设计基础结构、词汇，还包括各种准则。它们不仅适用于 GUI 和 Web，还适用于各种交互方式和设备，包括 ATM、冰箱、路标、普适计算、嵌入式计算和日常物品及服务。

可用性仍然很重要

对可用性 (usability) 的研究是高质量用户体验的关键组成部分，它仍然是人机交互这个广泛的多学科领域的重要组成部分。它着眼于版主用户超越技术，只专注于完成事情。换言之，就是要让技术为人类赋能，去完成更多的事情，并且在这个过程中尽可能地透明。

但用户体验不仅仅局限于可用性

随着交互设计这一学科的发展和成熟，越来越多的技术公司开始接受可用性工程的原则，投资于先进的可用性实验室和人员来"做可用性"。随着这些努力越来越能确保产品具有一定程度的可用性，进而使这一领域的竞争更加公平，出现了一些新的因素来区分竞争性产品设计。

我们将看到，除了传统的可用性属性，用户体验还包括社会和文化、对价值敏感的设计以及情感影响——如何使交互体验包括"使用的乐趣"(joy of use)、趣味 (fun)、美学 (aesthetics) 以及在用户生活中的意义性 (meaningfulness)。

重点仍然在于为人而设计，而不是技术。所以，"以用户为中心的设计"仍然是一个很好的描述。但是，现在它被扩展到在更新和更广泛的维度上了解用户。

一种实用方法

本书采取一种实用的 (practical)、应用的 (applied)、动手做的 (hands-on) 方法，应用成熟和新兴的最佳实践、原则以及经过验证的方法，来确保交付高质量的用户体验。我们的方法注重实践，借鉴设计探索和设想的创造性概念，做出吸引用户情感的设计，同时朝着轻量级、快速和敏捷的过程发展——在资源允许的情况下把事情做好，而且在这个过程中不浪费时间和其他资源。

实用的 UX 方法

本书第 1 版针对每个 UX 生命周期活动描述了大部分严格的方法和技术，更快速的方法则讲得比较分散。如果需要严格方法来开发复杂领域的大规模系统，UX 设计师仍然可以在本书中找到他们需要的内容。但新版进行了修订来体现这样的事实——敏捷方法在 UX 实践中已经发挥了更大的作用。我们将以实用性为中心来兼顾严格和正式，我们的过程、方法和技术从实用的角度对严格和速度进行了妥协，它们适合所有项目中的大部分活动。

从工程方向到设计方向

长期以来，HCI 实践的重点是工程，从可用性工程和人因工程中激发灵感。本书第 1 版主要反映这种方法。在新版中，我们从聚焦于工程转向更侧重于设计。在以工程为中心的视角下，我们从约束开始，并尝试设计一些适合这些约束的东西。现在，在以设计为中心的理念下，我们设想一种理想的体验，然后尝试突破技术的限制来实现它，进而实现我们的愿景。

面向的读者

本书适合任何参与或希望进一步了解如何使产品具有高质量的用户体验的人。一类重要的读者是学生和教师。另一类重要的目标读者包括 UX 从业人员：UX 专家或其他在项目环境中承担 UX 专家角色的人。专家的观点与学生的观点非常相似，即两者都有学习的目标，只不过环境略有不同，动机和期望也可能不同。

我们的读者群体包括所有种类的 UX 专家：UX 设计师、内容策略师、信息架构师、平面设计师、Web 设计师、可用性工程师、移动设备应用设计师、可用性分析师、人因工程师、认知心理学家、COSMIC 心理学家、培训师、技术作家、文档专家、营销人员和项目经理。这些领域中的任何一类读者都会发现本书在实践方法上的价值，可以主要关注具体如何做。

与 UX 专家一起工作的软件人员也能从本书中受益，包括软件工程师、程序员、系统分析师、软件质量保证专家等。如果是需要按要求做一些 UX 设计的软件工程师，也会发现本书很容易阅读和应用，因为 UX 设计生命周期的概念与软件工程中的概念是类似的。

自第 1 版以来发生了哪些变化

有时，着手写第 2 版时，最终基本上是在重新写一本新书。本版就是这种情况。自第 1 版以来，发生了很多变化，包括我们自己对这个过程的理解和经验。这里要引用波特很久以前说的话："这部关于自行车运动的健康、乐趣、优势和实践的作品，其大部分内容基于作者以前同一个主题的著作，并主要基于他在 1890 年出版的同名书籍。但自作品问世以来，发生的变化大到以至于新版并不只是简单的修订，而是完全重写，推陈出新，删除过时的部分，增加许多新的和重要的内容。(Porter, 1895)"

新的内容和重点

第 2 版引入了一些新的主题和内容排列方式，具体如下。

- 加强了对设计的关注。许多面向过程的章节都强调了设计、设计思想和生成性设计。我们甚至稍微改了改书名来反映这一重点 (高质量用户体验与敏捷 UX 设计)。
- 用新的方式讲述过程、方法和技术。前几章建立与过程相关的术语和概念，为后面的章节的讨论提供相关的背景。
- 整本书以敏捷 UX 生命周期过程为导向，以更好匹配作为当前事实上的标准的敏捷软件工程方法。我们还引入了一个模型 (敏捷 UX 漏斗模型) 来解释 UX 在各种开发环境中的作用。
- 商业产品视角和企业系统视角。这两种截然不同的 UX 设计环境现在得到明确的认可并被区别对待。

更精炼的文字

第 1 版有读者反馈是希望我们的文字更精炼。因此，为了使第 2 版更容易阅读，我们尝试了通过消除重复和冗长的文字来使其更加简洁明了。看过本书后，大家会发现我们完美解决了这个问题。

本书不涉及哪些内容

本书并不是针对人机交互领域进行的调查，也不是针对用户体验进行的调查。它也不是着眼于人机交互的研究。虽然这本书很广很全面，但我们不可能涉及所有 HCI 或 UX 的内容。如果你最喜欢的主题并未包含在内，我们表示歉意，因为我们必须在某处划定界限。此外，许多额外的主题本身就相当广泛，以至于本身就可以 (而且大多数都能) 独立成书。

本书不涉及以下主题：

- 无障碍访问、特殊需要和美国残疾人法案 (ADA)
- 国际化和文化差异
- 标准
- 人体工程学的健康问题，如重复性压力伤害
- 特定的 HCI 应用领域，如社会挑战、医疗保健系统、帮助系统、培训以及为老年人或其他特殊用户群体设计等
- 特殊的交互领域，比如虚拟环境或三维交互
- 计算机支持的协同工作 (CSCW)
- 社交媒体
- 个人信息管理 (PIM)
- 可持续性 (原本计划包括，但篇幅实在有限)
- 总结性 UX 评估研究

关于练习

一个名为 "售票机系统" (Ticket Kiosk System，TKS) 的虚构系统被用作 UX 设计的例子，来说明过程所有相关章节的材料。在这个运行实例中，我们描述了可供模仿以构建自己的设计的活动。练习是本书学习过程中重要的组成部分。在基于 TKS 进行动手练习方面，本书有些像活动用书。在每个主题之后，可以立即应用新学到的知识，通过积极参其应用来学习实用技术。本书的组织和编写是为了支持主动学习 (边做边学)，而且大家也应该这样使用。

练习要求中等程度的参与，介于正文中的例子和完整的项目作业之间。

按顺序进行。每章都建立在之前的过程相关章节基础上，并为整个拼图添加了一个新的部分。每个练习都基于在你在前几个阶段学到和完成的，这和真实世界的项目一样。

如果可以，请以团队的形式进行练习。优秀的 UX 设计几乎总是团队协作的成果。至少和另外一个感兴趣的人一起完成练习，这可以大大增强你对内容的理解和学习。事实上，许多练习是为小团队 (例如三到五人) 设计的，涉及多个角色。

申请相关学习资源，
请扫码添加阅读小助手

团队协作有助于你理解在创造和完善 UX 设计时发生的各种沟通、交互和协商。如果可以一名负责软件架构和实现的软件开发人员 (至少可以出一个工作原型) 来调剂经验，显然可以促成许多重要的沟通。

学生在课堂上应以团队的形式做练习。如果是学生，做练习最好的方式是以团队为基础的课堂练习。这些练习很容易改为在课堂上作为一套持续的、为期一学期的交互式课堂活动使用，以理解需求、设计方案、候选设计的原型和 UX 评估。教师可观察和评论团队的进展，也可与其他团队分享你们的"经验教训"。

UX 专家应在获得许可的前提下在工作中做这些练习。如果是 UX 专家或渴望通过在职学习成为 UX 专家，请尝试在常规工作中学习这些素材，最好的方式是参加一个集中的短期课程，其中要有团队练习和项目。我们以前教过这样的短期课程。

另外，如果工作小组中有一个小型 UX 团队 (也可能是预期要在真实项目中一起工作的团队)，且工作环境允许，就可以留出一些时间 (例如每周五下午两个小时) 来进行团队练习。为证明这样做的额外开销是合理的，可能要说服项目经理相信这样做有价值。

个人仍然可以做练习。不要因为没有团队就不做。试着找到至少一个能和你一起工作的人。实在不行的话，就自己做。虽然让自己跳过练习很容易，但我们还是要敦促你，只要时间允许，每个练习就尽可能去做。

团队项目

学生。除了结合书中练习的小规模系列课内活动外，我们还提供了具有完整细节和需要更多参与的团队项目。我们认为，对于采用本书作为教材或教参的课程，为期一个学期的团队项目是"边学边做"的重要部分。这些团队项目一直是课程中要求最高同时也最有价值的学习活动。

在这个为期一个学期的团队项目中，我们使用了来自社区的真实客户，某个需要设计某种交互式软件应用程序的本地公司、商店或组织。客户可以得到一些免费的咨询，甚至 (有时) 得到一个系统原型。作为交换，对方要成为项目的客户。本书教参中有一套团队项目任务的样本,可向出版商申请。

UX 专家。为了开始在真实工作环境中应用这些材料,你和你的同事可选择一个低风险但真实的项目。你的团队可能已经熟悉,甚至对我们描述的一些活动有经验,甚至可能已经在你的开发环境中做了其中的一些。通过使它们成为更完整、更理性的开发生命周期的一部分,你可以将自己所知道的与书中介绍的新概念结合起来。

致谢

首先,我 (RH) 感谢我的妻子 Rieky Keeris。写作本书时,她为我提供了一个快乐的环境,并给了我莫大的鼓励。

我 (PP) 要感谢我的父母、我的兄弟 Hari 和我的嫂子 Devaki,感谢他们的爱和鼓励。在我写这本书的过程中,他们容忍了我长期缺席家庭活动。我还必须感谢我的哥哥,他是我最好的朋友,在我的一生中不断地给予我支持。

我们很高兴向 Debby Hix 表示感谢,感谢她总是尽心尽职地和同事们展开沟通。也感谢弗吉尼亚理工大学与 Roger Ehrich、Bob 和 Bev Williges、Manuel A. P´erez-Quiñones、Ed Fox、John Kelso、Sean Arthur、Mary Beth Rosson 和 Joe Gabbard 长期以来的专业联系和友谊。

还要感谢卡内基梅隆大学的 Brad Myers,一开始他就很支持这本书。

特别感谢弗吉尼亚理工大学工业设计系的 Akshay Sharma 允许我们拍摄他们的创意工作室和工作环境,包括工作中的学生和他们制作的草图和原型。最后,感谢 Akshay 提供了许多照片和草图并允许我们用在设计章节中作为插图。

感谢 Jim Foley、Dennis Wixon 和 Ben Shneiderman 的积极影响,我们与他们的私交可以追溯到几十年前,并且超越了工作关系。

感谢审稿人和编辑的勤奋和专业精神,他们提出的宝贵建议帮助我们把书写得更好了。

我 (RH) 将永远感谢 Phil Gray 和格拉斯哥大学计算科学系的人员对我的热情欢迎,他们在 1989 年接待并使我有一段精彩的休假时光。特别感谢格拉斯哥大学心理学系的 Steve Draper,他在那里为我提供了一个舒适而温馨的住处。

非常感谢 Kim Gausepohl，他在将 UX 融入现实世界的敏捷软件环境方面起到了传声筒的作用。还要感谢我们的老朋友 Mathew Mathai 和弗吉尼亚理工大学 IT 部门的网络基础设施和服务团队的其他人。Mathew 使我们能进入现实世界中的敏捷开发环境，我们从中学到了不少宝贵的经验。

特别感谢 Ame Wongsa 多年来针对设计的本质、信息架构和 UX 实践所进行的许多有见地的谈话，此处还为我们提供了国家公园露营应用实例的线框图。也要感谢 Christina Janczak 为我们提供了这个例子的情绪板和其他视觉设计以及本书英文版封面的设计。

最后，感谢 Morgan Kaufmann 出版社的 Nate McFadden 以及其他所有人的支持。与他们的合作非常愉快。

简明目录

详细目录

连接敏捷 UX 与敏捷软件工程

第Ⅵ部分只有一章，讲述的是如何使敏捷 UX 过程和方法与敏捷软件工程方法协同工作。首先从敏捷软件工程 (敏捷 SE) 的基础知识和生命周期开始讲起，最后综合得出一种用于集成敏捷 UX 和敏捷 SE 的方法。

第 29 章

连接敏捷 UX 与敏捷软件工程

本章重点

- 敏捷 SE 方法的基础知识
- 敏捷 SE 的生命周期
- 敏捷 SE 中的计划
- 敏捷 SE 中的冲刺
- 从 UX 角度看敏捷 SE 的挑战
- UX 一侧需要什么？
- 预计可能的问题
- 集成敏捷 UX 和敏捷 SE 的一种综合方法
- 将 UX 集成到计划中
- 将 UX 集成到冲刺中
- 同步两种敏捷工作过程

29.1 导言

第 4 章介绍了敏捷 UX 漏斗模型，在随后的所有过程章中，我们都从敏捷 UX 过程的角度出发。现在，我们将讨论关于敏捷 UX 过程如何与实际项目环境中的敏捷 SE 过程连接的一些细节。

敏捷软件工程 (agile SE) 方法现已广为人知并被普遍使用，它是一种增量、迭代和测试驱动的方法，可频繁地向客户交付有用的、能实际工作的软件。过去的敏捷 SE 方法没有考虑 UX。另外，由于传统 UX 过程不能很好地适应敏捷 SE 环境，所以在 UX 这一侧，一直在努力调整其方法以适应 SE 存在的约束。

最终，整个系统开发团队需要一个整体性的方法，其中既包括敏捷 UX，也保留敏捷 SE 方法作为基础。本章展示了敏捷 UX 过程方法的一个变体。通过兼顾敏捷 SE 过程所造成的约束，这些方法可以和现有的敏捷 SE 过程很好地集成。

敏捷软件工程
agile software engineering

软件实现的一种生命周期过程方法，涉及频繁交付供小范围的、可工作和可使用的版本，可对这些小版本进行评估以获得反馈 (29.2 节)。

敏捷 UX 的漏斗模型
funnel model of agile UX

在与敏捷软件工程冲刺同步之前 (早期漏斗的总体概念设计) 和与软件工程同步之后 (后期漏斗的单独特性设计) 设想 UX 设计活动的一种方式 (4.4 节)。

29.1.1　敏捷并非仅仅和快相关

许多人以为敏捷方法的重点就是快，但这忽略了要点。敏捷意味着脚步轻快，灵活，并在过程中对变化做出迅速响应。和旧的瀑布方法相比，敏捷方法确实非常快。但这只是一个额外的副作用，而非其本质。本质在于，它怎么变得快？

敏捷通过不将时间浪费在你不需要或永远不会用到的东西上而变得快。换言之，在投入时间和精力追求错误的路线之前，通过知道什么不起作用来加快速度。它之所以快，是因为专注于产品或系统而非过程来实现快速。但是，最重要的是灵活应对变化。项目不是一场比赛。相反，它是一个障碍赛场，有时甚至是一个迷宫。在遇到它并不得不做出反应之前，永远无法知道什么会试图使你脱离赛道。采用旧的缓慢且谨慎的瀑布方法，除非整个项目都快结束，否则永远得不到反馈来知道需响应的问题。

示例：做得太快，市场会抛弃你

这是我们在第 1 章 (1.8.3 节) 中描述的那个例子的扩展。几年前，我 (HRH) 为一家开发大型电子商务软件系统的小公司提供咨询服务。他们在其软件产品线中开发了一个新的应用程序，但在客户满意度方面遇到了麻烦。当我们描述通过 UX 生命周期过程以了解用户，并根据他们的需求和工作环境进行 UX 设计时，我们很快被告知他们没时间进行用户研究。他们非常自豪地说，作为一家非常灵活的企业，他们为"互联网时代"开发了许多新产品和系统。他们不知疲倦地工作，按照不可能的节奏发布新产品。

这个最新的系统也不例外。在经历了令人难以置信的短生命周期后，他们将其发布给了客户，但效果并不好。但幸运的是，他们拥有一批忠实的老客户，他们基本上购买了他们发布的所有产品。毫不奇怪，他们发现新系统难以使用，但又需要该功能，所以他们投入了大量时间和精力来学习如何使用。但是，这个新版本的系统在市场上得到了不好的评价和不好的声誉。他们的营销团队非常担心，虽然他们总是在向现有客户推陈出新，但恐怕无法吸引到新客户。

所以，他们开始慌了，全盘推翻并进行了重新设计，并拉动所有人参与版本的改进，这次还应用了一些 UX 设计原则。结果是一个确实更好，但与原始版本有很大出入的系统。

那么，市场反应如何？好吧，潜在的新客户并没有上钩。这家公司的声誉已经崩塌。老客户又怎样呢？ 好吧，他们非常生气和不安。经历了学

瀑布式生命周期过程
waterfall lifecycle process

最早的正式软件工程生命周期过程之一，是生命周期活动的一个有序线性序列，每个活动都像瀑布的一个层级一样流向下一个活动 (4.2 节)。

习旧系统的这么多麻烦，投入了这么多成本，现在你跟他们说产品已经完全改了？现在，他们必须重新学习一个新的系统。最后，该公司疏远了几乎所有现有和潜在的客户。这对他们来说才是一场真正的危机。为了速度而牺牲质量，这是一个深刻的教训。

29.1.2　不要盲目敏捷

最后，在我们讨论敏捷 SE 方法之前，请注意一点：敏捷软件开发的一些从业人员几乎将其视为一种信仰，在应用时根本不考虑后果，并将其推向了神坛，被大量滥用。敏捷 UX 从业人员若盲目跟随这种趋势，肯定会存在一定的危险。敏捷过程只是一种工具，而不应该像邪教一样。有效才用，但永远要先自个儿想清楚："什么过程最适合当前的项目？"

我们首先回顾敏捷 SE 方法的本质，然后再来确定将两种敏捷过程结合在一起需要什么。

29.2　敏捷 SE 方法的基础知识

这里关于 SE 中敏捷方法的大部分内容都可追溯到 Kent Beck(2000) 所做的基础工作，这是关于敏捷 SE 开发方法的最权威来源之一，具体体现在一种称为"极限编程"(eXtreme Programming，XP) 的方法中[1]。我们摘录了贝克 (Beck) 和其他作者的一些话，并尝试将它们融合到一个实践总结 (summary of the practice) 中。准确的表述归功于这些作者，表述中的错误则算我们的。

29.2.1　敏捷 SE 的目标和原则

为了和早期的敏捷软件方法达成一致，有一群人在 2001 年 2 月美国犹他州雪鸟滑雪场举办的一个研讨会上会面，制定了所谓的"敏捷宣言"[2]，它包含以下原则。

- 我们的首要任务是通过尽早和持续交付有价值的软件来满足客户。
- 拥抱不断变化的需求，即使是在开发后期。敏捷过程拥抱变化来实现客户的竞争优势。
- 频繁交付可工作的软件，从几周到几个月不等，并倾向于采用较短的时间周期。

---

[1]　除了 XP，还有其他敏捷方法，其中包括 Scrum(Rising & Janoff, 2000)，但为了方便讨论，我们在这里专注于 XP。

[2]　agilemanifesto.org/

■ 业务人员和开发人员必须在整个项目中每天一起工作。

■ 围绕有激情的个人建立项目。为其提供所需的环境和支持,并相信他们能完成工作。

■ 向开发团队和在开发团队内部传达信息最高效和最有效 (most efficient and effective) 的方法是面对面交谈。

■ 能实际工作的软件是进度的主要衡量指标。

■ 敏捷过程促进了可持续发展。发起人、开发者和用户应始终保持步调一致。

■ 对卓越技术和良好设计的持续关注可提高敏捷性。

■ 简单性 (simplicity)——将未完成的工作量最大化的一种艺术——是必不可少的。

■ 最好的架构、需求和设计来自自组织 (self-organizing) 的团队。

■ 团队要定期反思如何提 效率,然后相应优化和调整其行为。

同样来自敏捷宣言,敏捷 SE 方法的从业人员应重视以下几点。

■ 个体和互动高于过程和工具。

■ 工作的软件高于详尽的文档。

■ 客户合作高于合同谈判。

■ 响应变化高于遵循计划。

29.2.2   与瀑布方法对比

这些一般原则看似陈词滥调,但它们并不总是那么引人注目。为了理解这些原则的影响,或许最好的办法是通过最极端的对比——与古老的 SE "瀑布式"生命周期开发方法进行比较 (Royce, 1970)。瀑布模型 (图 29.1) 是一个很重的过程 (a heavy process),因其缓慢而刻意地进行。开始下一个过程活动之前,必须先完成上一个过程活动。所以,它不能对变化做出灵活的响应。到最后,需求和要求都发生了变化,而产品已经偏离了方向,而且大多都是无用功。资源被白白浪费了。

图 29.1
笨重的瀑布式过程,过程的每个活动之后都要有交付物和文档

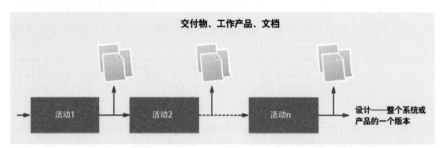

在筒仓中工作

　　生命周期的每个阶段本身都是一个完整的单位，发生在自己或多或少封闭的环境中。我们称这种环境为"筒仓"(silo)。在每个筒仓中，在该阶段工作的专家团队与自己的管理层合作，并产生自己的交付物。每个阶段通常都会生成文档 (通常是大量文档)。直到生命周期的最后阶段，才能获得一个能工作的版本。到那时，你终于拿到了整个系统或产品的一个版本。但问题通常是，到达那里需要很长时间。而当你到达时，设计甚至基本概念可能已经过时了。自然地，在需求阶段煞费苦心开发和记录的任何需求都不再完整或正确。无论如何，仅仅一次长时间的迭代并不能使设计变得正确。

29.2.3　敏捷 SE 方法的特征

　　敏捷 SE 开发方法很早就开始编码。和传统 SE 相比，敏捷 SE 的需求工程阶段更短，甚至几乎不存在，文档也少得多。正如 XP 的特点那样，敏捷 SE 的代码实现以小的增量和频繁的迭代发生。

　　每次短的迭代 (开发周期) 后，都会向客户交付小版本。大多数时候，这些小版本虽然功能有限，但本质上还是总体系统的一个能工作的版本，它们能独立运行，并为客户提供一些有用的功能。

　　用最简单的话来说，敏捷 SE 开发方法"用小的、分离的部分来描述问题，然后在连续的迭代中实现这些部分" (Constantine, 2002, p. 3)。每一部分都经过测试，直到它能工作，然后将其集成到其余部分。接着，在所谓的"回归测试" (regression testing) 中对整体进行测试，直到新功能与之前开发的所有部分都能协同工作。这样一来，下一次迭代总是从能实际工作的东西开始。

　　敏捷软件开发方法进一步的特点是非常注重沟通，尤其是与客户的持续沟通。非正式交流比正式交流更受欢迎。强调密切沟通，以至于要有一名驻站客户作为团队的一部分，不断地提供反馈。

避免一开始就搞大设计

　　敏捷 SE 方法的一个主要原则是避免一开始就搞一个大的设计 (Big Design Upfront)。这意味着该方法通常会避开前期的民族志 (参见 11.3.2 节) 和实地研究以及全面的需求工程。其思路是尽快写好代码，日后根据客户的反馈做出反应，以此来解决问题。

筒仓
silo

瀑布模型中的主要生命周期活动有时被称为"筒仓"，因其对活动进行了强烈的划分，这种划分通常反映在开发商或承包商的组织中 (6.6 节)。

(交付) 范围
scope (of delivery)

描述在每个迭代或冲刺阶段，目标系统或产品如何进行"分块"(分成多大的块)，以便交付给客户和用户以获得反馈，以及交付给软件工程团队以进行敏捷实现 (3.3 节)。

自上而下的设计
top-down design

一种 UX 设计方法，从对工作活动 (work activities) 的抽象描述开始，剥离现有工作实践的信息，并致力于和当前观点和偏见 (perspectives and biases) 无关的一个最佳设计方案 (13.4 节)。

SE 从业人员通过结对编程的实践来验证他们写的代码是否正确。代码由两个程序员共同编写，共享一台计算机和一个屏幕；也就是说，总是一个写，一个看。

当然，结对编程对于敏捷方法来说并不新鲜。即使在敏捷 SE 方法之外 (甚至在它们出现之前)，结对编程也是一种经过验证的技术，具有良好的记录 (Constantine, 2002)。通过定期和连续针对一系列测试用例进行测试，代码得到进一步验证。

29.3　敏捷 SE 的生命周期

用生命周期图来表示这个过程，就不是一个瀑布，甚至不是各个阶段的迭代，而是一组重叠的微开发 (microdevelopment) 活动。采用敏捷方法，开发人员只需做支持一个小特性所需的事情即可——相当于每个活动的一个微观层面 (microlevel)。图 29.2 以 XP(极限编程) 为例的敏捷方法。

如图所示，采用瀑布方法构建电子商务网站，在开始自上而下的设计之前，需要列出网站必须支持的所有需求。而采用敏捷方法，同一个网站将构建为一系列较小的特性，例如购物车或结账模块。

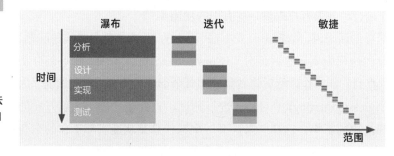

图 29.2
对比开发活动在不同方法中的范围，经许可改编自 Beck(1999, Fig. 1)

29.3.1　敏捷 SE 方法中的计划

讨论敏捷 SE 方法如何工作时 [1]，我们大致以 XP 为指南。如图 29.3 所示，每次迭代由两部分组成：计划 (planning) 和冲刺 (sprint)，后者实现并测试一个版本 (一次发布) 的代码。

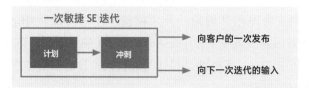

图 29.3
对一次敏捷 SE 发布迭代的抽象

[1]　讨论的是"理论上"的运作方式。与大多数 UX 和 SE 方法一样，在实践中也存在多种变化形式。

1.客户故事

我们从第 7 章开始讨论用户故事，那一章讲述了如何收集它们的输入。第 8 章讨论了从原始使用数据中提炼出用户故事的本质。第 10 章讨论了用户故事的编写。现在，我们要展示在后期漏斗开发活动中，它们在连接 UX 和 SE 方面发挥的关键作用。

目前暂时使用"客户故事"(customer story) 这一术语，敏捷 SE 的上下文之所以用这个术语，因为它们不涉及与用户的合作。以后将敏捷 UX 引入这个过程时，将切换回"用户故事"(user story) 这一术语，它同时涵盖两种来源 (用户和客户)。

在图 29.3 中，每个 SE 迭代的"计划"部分将生成一组由客户编写的故事，按业务价值和实施成本确定优先级。客户故事的作用有点像用例、情景或需求。写在故事 (索引) 卡上的客户故事是对客户要求的特性的描述。它叙述了系统应该如何解决问题，代表的是以某种方式对客户连贯和有用的一个功能块。

2.基于故事的计划

扩展图 29.3 的"计划"框，我们得到了客户故事在 SE 计划中如何使用的细节。如图 29.4 所示，开发人员与现场客户代表坐下来开始计划过程。他们要求客户代表考虑可增加业务或企业价值的最有用的功能块。客户撰写关于这些功能需求的故事。这是开发人员通过客户代表间接理解"需求"的主要方式。

开发人员评估故事并估计为每个故事实现 (编程) 解决方案所需的工作量，并将估计值写在故事卡上。在 XP 中，每个故事通常都会在"理想开发时间"中得到 1、2 或 3 周的估计值。稍后会解释如何创建这些估计值。

客户要选择估计成本在自己的预算范围内，并想包含到一次"发布"(release) 中的特性的小集合，从而对故事卡进行分类和优先级排序。优先级排序导致故事或需求列表被标记为"先做"(do first)、"希望——有时间就做"(desired—do, if time) 和"推迟——下次再说"(deferred—consider next time)。开发人员将故事分解为开发任务，每个任务都写在一张任务 (供开发人员去做) 卡片上。每个这样的开发任务都会给出一个点数 (point count)，代表对实现该任务所需开发工作量的估计。然后，对一张故事卡中的所有任务汇总，提出理想的开发时间。

"计划"框的输出是一组由客户撰写的、按实现成本排列优先级的故事。这个输出会进入即将到来的实现冲刺。

**冲刺
sprint**

敏捷软件工程 (SE) 日程表中一个相对较短的时期 (不超过一个月)，要在这个时期实现"一个可用而且也许能发布的产品增量"。它是在敏捷 SE 环境中完成的工作单位，是与一个发布 (给客户和 / 或用户) 关联在一起的迭代(3.3 节、29.3.2 节和 29.7.2 节)。

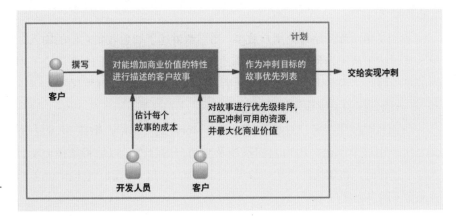

计划

撰写

客户

对能增加商业价值的特性
进行描述的客户故事

作为冲刺目标的
故事优先列表

交给实现冲刺

估计每个
故事的成本

对故事进行优先级排序，
匹配冲刺可用的资源，
并最大化商业价值

开发人员　　　客户

图 29.4
客户故事作为敏捷 SE 计
划的基础

3. 管理客户故事和开发任务

在行业实践中，用于管理故事和相关任务的最流行的项目管理系统是 Atlassian 的 JIRA 软件[①]。该系统允许产品经理和 SE 角色计划发布、管理用户故事和当前及未来冲刺的相关任务、每个用户故事的验收标准以及每个故事的当前状态。JIRA 还提供了强大的缺陷 (错误) 跟踪功能，能计划在一个给定的版本中修复哪些错误，其中包括解决这些错误的依赖项和其他妨碍。

4. 控制范围

客户故事是 Beck(2000, p. 54) 所谓的 "计划游戏" 中的本地货币，客户和开发人员通过该游戏协商每个发布的范围。通常在每个发布 (每个版本) 刚开始的时候，会有一个时间和工作量的 "预算"，即实现所有故事所需的工时或工作强度。

客户对故事卡进行优先排序时，会不断计算工作量估计值的总和，当它达到预算限制时，开发人员的 "舞会卡"* 就满了。之后，如客户想用另一个故事 "切入"，他们必须决定必须删除哪个价值相同或更大价值的现有客户故事，以便为新故事腾出空间。所以，没有人能随便增加特性，即使是老板，也不行。

这种方法使客户能控制要实现哪些故事，同时为开发人员提供了一种工具来对抗范围或特性的无序膨胀。开发人员对工作量的估计可能跟实际的相差甚远 (大多数时候都是低估)，但至少能让他们明确表明自己的立场 (在沙子中划一条线)。在给定技术平台和应用领域的前提下，有经

*译注

一种正式的舞伴登记卡，流行于 18、19 世纪的欧美，每个女性都有，因为舞会是非常重要的社交场合，正经人家的女士们出席前都需要确认并预约男舞伴。舞会卡的预约甚至于详细到第一支舞和谁跳，第二支舞和谁跳。舞会卡满了，就意味着当晚的活动排满了。

① www.atlassian.com/software/jira

验的开发人员特别擅长这种估计 (他们估计的称为"团队速率"，即 team velocity)。开发人员估计得越好，整个项目就会越顺利。

29.3.2　敏捷 SE 方法中的冲刺

图 29.5 扩充了图 29.3 的"冲刺"框。每个敏捷 SE 冲刺都包含后续各小节描述的活动。

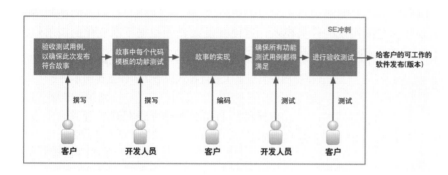

图 29.5
一次敏捷 SE 冲刺

1. 创建验收测试

客户撰写功能验收测试。没有针对于此的过程，所以可能显得有点模糊，但它确实能使客户控制对最终代码的验收。有了经验之后，客户会更擅长这一点。一般情况下，验收测试所依据的验收标准以客户必须能执行的功能列表的方式，在相应的客户故事中加以总结。

2. 创建单元代码测试

团队分配要在下一个冲刺中编码的客户故事来分解工作。程序员挑选客户故事卡，并寻找编程伙伴。进行任何编码之前，两个人会一起写好单元测试，以验证尚未写好的代码是否实现了该功能。

3. 实现代码

结对编程的伙伴开始写代码模块以支持所选客户故事的功能。工作期间，两个伙伴进行即时设计 (on-the-fly design)。敏捷 SE 文献几乎没有提到设计的事情。

程序员不用担心更高层次的架构；系统架构本来就应随整个系统中添加的每个新功能而发展。编程伙伴将此代码集成到最新版本中。

4. 代码测试

接着，编程伙伴执行为刚才实现的模块设计的单元代码测试 (unit code tests)，以确保代码中此功能的实现是正确的。

5. 回归测试

除了测试当前功能的代码之外，团队还对迄今为止编码的所有模块再次运行所有代码测试，直至所有测试都通过。这样做的目的是确保新模块不会破坏之前实现的任何模块。这使开发人员能根据不断变化的需求修改代码，同时确保代码现有的所有部分都能继续正常工作。

6. 验收测试和部署

开发人员将这种潜在的可交付的产品功能提交给客户进行验收审查。验收通过后，团队将这个小的迭代版本部署给客户。

29.4　从 UX 角度看敏捷 SE 的挑战

一开始就搞大设计
Big Design Upfront
一种生命周期过程方法，从民族志和实地研究以及广泛的需求工程开始，旧的瀑布方法是其中的一个原型 (29.2.3.1 节)。

敏捷方法使 SE 从业人员感到高效和可控，因为过程由他们和客户一起推动，而不是由某种大型设计来推动。这些方法成本低，速度快，轻量级，并且可以早期交付。结对编程方面似乎也产生了错误更少的高可靠性的代码。虽然如此，敏捷 SE 方法是程序员为程序员开发的编程方法。从 UX 的角度看，它们存在着一些挑战。

因为避免了前期的大设计，所以没有前期分析来收集系统的一般概念和相关的工作实践。团队中的那个客户代表甚至不需要是真正的用户，也不能期望他能代表所有观点、需求 / 要求、使用问题或使用场景。最开始可能根本没有真正的用户数据，编码最终将 "仅基于对用户需求的假设" (Memmel, Gundelsweiler, and Reiterer, 2007, p. 169)。没有对用户任务的确定，也没有确定用户交互或信息需求的过程。

Beyer, Holtzblatt, and Baker(2004) 也赞同对使用客户代表作为唯一应用程序领域专家的批评。正如他们指出的那样，根据他们的公理 2 "让用户成为专家"，许多客户代表并非用户，所以不一定能为其他人的工作实践代言。

除了这些关于预先设计的缺点，敏捷 SE 方法不涉及设计，所以在此过程中没有留下设计构思的空间。

29.5　UX 这一侧需要什么

尽管如此，在某些方面，UX 过程生命周期是配合敏捷软件开发方法的最佳候选，因为它是迭代的。但又有很大的不同。传统 UX 生命周期首先要对用户及其需求有全面的理解，然后才是广泛的设计活动，而敏捷 SE 缺少这两者。关于早期的敏捷使用研究，Beyer et al.(2004) 建议和真实用户一起进行一次使用研究迭代，以这种方式来了解用户需求。他们说能在一到两周内和五到八名用户一起完成快速使用研究和早期设计。我们的经验，即使中等复杂度的项目，也需要一到两个月的时间。

本节将讨论调整传统 UX 方法，使其适应敏捷 SE 方法需要考虑的因素 (Memmel et al., 2007)。

敏捷方法要在 UX 领域起作用，必须涉及一些早期分析，致力于了解用户工作活动和工作环境，并在其生态中收集系统的一般性概念。另外，必须在过程中保留一些早期的设计活动，以便为交互和信息如何融入设计提供结构和连贯性。另外，如果创新产品设计需要自上而下的设计，则应先于 SE 的任何介入之前进行。早期漏斗 UX 活动恰好可以满足这些需求。

与此同时，为兼容敏捷的 SE 开发一侧，UX 方法必须具备以下要素。
- 轻量级。
- 强调团队协作，需要集中办公。
- 要包括有效的客户和用户代表。
- 将重点从自上而下的整体设计转为自下而上的功能设计，调整 UX 生命周期活动以兼容基于 SE 冲刺的增量发布。
- 要包括对范围进行控制的方法。

后期漏斗 UX 活动正是顺应这些需求而设计的。

29.6　预计可能的问题

在 CHI 2009(Miller and Sy, 2009) 的一个特别兴趣小组研讨会上，一群 UX 从业人员聚在一起分享他们尝试以用户为中心的设计方法融入敏捷 SE 过程的经验。这些从业人员在各自的环境中遇到以下困难。
- 冲刺太短；没有足够的时间接触客户、设计和评估。
- 一方面用户反馈机会不足，另一方面，已到手的用户反馈又被忽略了。
- 客户代表性格软弱，没有担当，集中办公时间少。
- 没有更广泛概念设计的共同愿景，重点都集中在细节上。

生态
ecology
在 UX 设计的背景下，生态是指用户、产品或系统与之交互的整个世界的周边部分，包括网络、其他用户、设备和信息结构 (16.2.1 节)。

自上而下的设计
top-down design
一种 UX 设计方法，从对工作活动 (work activities) 的抽象描述开始，剥离现有工作实践的信息，并致力于和当前观点和偏见 (perspectives and biases) 无关的一个最佳设计方案 (13.4 节)。

早期漏斗
early funnel
供进行大范围活动的漏斗 (敏捷 UX 模型) 的一部分，通常在和软件工程同步之前用于概念设计 (4.4.4 节)。

后期漏斗
late funnel
供进行小范围活动的漏斗 (敏捷 UX 模型) 的一部分，用于和敏捷软件工程的冲刺同步 (4.4.3 节)。

■ 碎片化的风险的后果是以点到面，缺乏系统思维。一个自下而上的
方法。

29.6.1 UX 和 SE 并不总是按照预期的方式协同工作

图 29.6 展示了 UX 和 SE 理论上在设计和实现中应该如何协作。

无论传统还是敏捷生命周期，UX 团队都应该向 SE 团队提供 UX 设计
作为规范，以实现和集成相应的功能。如项目双方 (以及管理层) 的每个人
从一开始就同意这个简单的模型，在项目中整合 UX 和 SE 的问题就会得到
很好的解决。

但实际上，当 UX 团队被引入项目时，SE 团队往往已经在走它的过程，
UX 团队不得不追赶在项目剩余的部分追赶。另外，对所有人来说重要的
是，项目永远无法从 UX 团队本来可以做到的事情中受益。最糟糕的情况
下，UX 团队还被要求审查 SE 团队迄今为止所做的工作并提供反馈。虽然
除了 UX 团队提供的那些之外，SE 团队确实需要有自己的输入，但这必须
以开放和共享的方式完成。两个团队都要获得一些相同类型的输入 (例如，
客户或用户故事)，但以不同的方式使用它们来生成不同种类的设计。一个
主要的要求是，从客户或用户处获得的所有输入都要由两个团队共享。在
没有 UX 团队介入的情况下，SE 团队不会一开始就收集需求或设计建议。

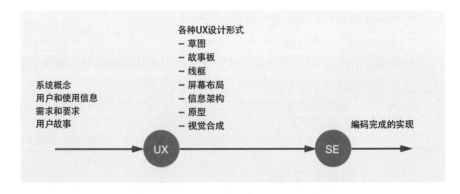

图 29.6
UX 和 SE 的协作方式

29.6.2 对完整概览的需求：软件方面与 UX 方面

由于敏捷的 SE 方法是增量和自下而上的，所以无法一开始就看到整个
系统的全貌。事实上，一些敏捷团队认为没有概览反而是一种"徽章"，
证明他们正确使用了敏捷方法，没有脱离"一次一个特性"(feature-at-a-time)
的"正确"路线。敏捷方法的全部意义在于，他们负担不起一开始就建立

系统概览的成本，也确实没必要。这主要是因为用户并不直接看到软件。

但至少在 UX 方面，一次只构建系统的一小块是有风险的。用户是通过 UI(用户界面) 来看系统。这一视图直接取决于 UX 设计，它必须看起来像是围绕一个良好集成的概念模型来构建的，具有统一的风格或主题，而非由不同的思路和视图拼凑而成的"缝合怪"。否则，就会导致混乱和不连贯的用户体验。完全通过拼凑和自下而上的方法，一次一个特性来开发一个统一的 UI 几乎是不可能的。所以，UX 团队需要尽快出一个概览。

29.7　集成敏捷 UX 和敏捷 SE 的一种综合方法

关于如何将 UX 集成纳入敏捷 SE 开发过程，大多数早期文献都是讲如何调整 UX 设计方法，以某种方式跟上现有敏捷 SE 方法的步调，或者试图在本质上就不灵活的一种敏捷 SE 方法面前，只做 UX 设计过程选定的那些部分。

例如，虽然 XP 和一些简化的 UX 设计技术可以共存并协同工作，但采用上述增量式补充的方法，两部分并没有真正结合起来 (McInerney and Maurer, 2005; Patton, 2002, 2008)。它们只是在 UX 这一侧创建了一种单方面的应对方案。UX 从业人员是在单纯由敏捷 SE 方法驱动的整体开发环境中，一边与这些限制共存，一边挣扎着使用自己的过程。

在这里，我们准备尝试综合出一种方法，让我们的敏捷 UX 过程与敏捷 SE 环境相融合，同时不会影响基本的 UX 需求。

这里要特别感谢 Lockwood (2003)，Beyer et al. (2004)，Meads (2010) and Lynn Miller (2010) 给我们带来的启发。

29.7.1　将 UX 集成到计划中

图 29.7 展示了将 UX 角色集成到图 29.3 的"计划"框中的方案。图 29.7 展示的"计划"的特点在于，最左侧的框是由 UX 设计师、客户和用户进行的小型前期分析和设计，并产生对工作领域、工作实践和概念模型的广泛 (或部分) 理解 (左数第二个框)。这种前期的 UX 活动发生在早期敏捷 UX 漏斗中。

(交付) 范围
scope (of delivery)

描述在每个迭代或冲刺阶段，目标系统或产品如何进行"分块"(分成多大的块)，以便交付给客户和用户以获得反馈，以及交付给软件工程团队以进行敏捷实现 (3.3 节)。

早期漏斗
early funnel

供进行大范围活动的漏斗 (敏捷 UX 模型) 的一部分，通常在和软件工程同步之前用于概念设计 (4.4.4 节)。

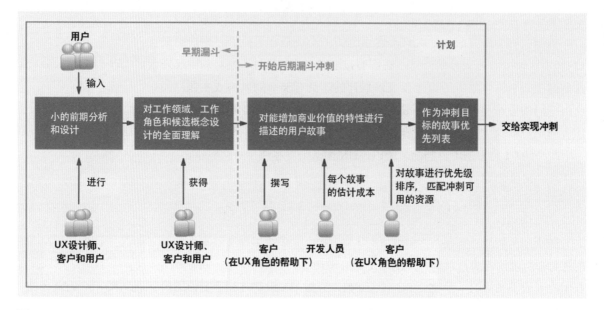

图 29.7
在早期敏捷 UX 漏斗的"计划"中集成 UX 角色

1. 小的前期分析和设计

29.2.3.1 节讲到，SE 从业人员会避免预先搞大的设计，倾向于尽快写出一些代码，然后通过对客户反馈做出反应来解决问题。UX 不能以这种方式进行操作。我们所有设计的完整性和一致性，包括后期漏斗的小范围、任务级设计，首先取决于在早期漏斗中建立起稳固的总体概念设计。但是，这些必要的基础工作又不能将整个过程变成瀑布模型。所以，它必须是轻量级的，此时就需要用到小的前期分析和设计。

图 29.7 最左侧的框就是小的前期分析和设计。我们以这种方式包含一个初始的、简化形式的使用研究和设计，它要求客户 / 用户一起参与。这正是早期敏捷 UX 漏斗所发生的事情。在早期漏斗小的前期分析和设计中，大部分"设计"都是概念设计，目的是建立高层次、全局一致性的概览 (high-level consistency overview)。

此外，在计划时，UX 人员还需协助客户履行其他职责，例如写故事和确定故事的优先级。这些故事现在被称为用户故事而不是客户故事，因其主要内容来自前期分析中的用户。虽然这开始改变了基本的敏捷模式，但这能给 UX 团队提供更大的牵引力来将 UX 引入整个过程。其他作者 (Constantine and Lockwood, 1999；Memmel et al., 2007) 认为，基于同样的考虑，添加用户和 / 或任务建模的措施也将是非常有益的补充。

在早期敏捷 UX 漏斗中，小的前期分析和设计的目标如下。

- 理解用户的工作及其背景。
- 确定关键工作角色、工作活动和用户任务。
- 建模现有企业和系统中的工作流程和活动。
- 形成一个初步的高级概念设计 (high-level conceptual design)。
- 为选定的用户故事确定输入，反映用户在其工作实践中的需求。

在早期敏捷 UX 漏斗中，这些小的前期分析与设计活动正是我们在本书早期章节 (第 Ⅱ 部分) 所描述的。

数据捕捉。敏捷使用研究可短可长，具体取决于你的意愿或能力。建议在每个关键工作角色中至少访谈和观察一到两个人的工作实践。访谈不录音，也不笔录。UX 从业者直接在小的索引卡上记笔记，以防笔记中出现废话。

以有效的用户故事为目标。我们寻求的是能推动交互设计和原型制作一小部分的用户故事。但具体要寻求什么样的用户故事？关于工作活动、角色和任务的故事仍然是设计师的一个好的起点。但正如 Meads(2010) 所说，用户对任务本身不感兴趣，感兴趣的是特性 (功能)。所以，按照他的建议，我们专注于特性，这些特性可能在工作环境中涉及大量相关的用户工作活动和任务。所以，我们通常会为某个特性提出一组相关的用户故事 (例如，创建、搜索、显示、修改和删除某个服务订阅的任务)。

2. UX 角色帮助客户写用户故事

在图 29.7 左数第三个框中，UX 人员帮助客户写用户故事。如前所述，UX 人员通常要负责编写用户故事，以确保完整性、适当的范围、一致性和连贯性。

由于 UX 团队成员、客户和用户均参与了早期敏捷 UX 漏斗中小的前期分析和设计，所以用户故事的编写会更容易、更快、更能代表真实的用户需求。UX 角色指导客户根据小的前期分析和设计的"敏捷使用研究"部分所揭示的工作流程创建故事。

3. 关于用户故事的真相

如 10.2.1 节解释的那样，不能认定用户写的故事就是准确、完整或全面的。所以在真实的项目中，UX 分析师和设计师需从使用研究所收集的数据中获取输入，并将小范围的用户功能需求写成用户故事，好比这是用户

冲刺
sprint

敏捷软件工程 (SE) 日程表中一个相对较短的时期 (不超过一个月)，要在这个时期实现 "一个可用而且也许能发布的产品增量"。它是在敏捷 SE 环境中完成的工作单位，是与一个发布 (给客户和 / 或用户) 关联在一起的迭代 (3.3 节、29.3.2 节和 29.7.2 节)。

自己表述的一样。这样，整个集合就有统一的格式。 这是实践中处理各种变化形式的一种重要方式。

4. UX 角色帮助用户制定用户故事优先级

通过帮助客户代表制定用户故事的优先级，UX 人员可关注用户体验的总体愿景，并确保连贯的概念设计，最终获得一次迭代所需的一组有效的故事集。

29.7.2 将 UX 集成到冲刺

图 29.8 展示了在图 29.5 的敏捷 SE 冲刺期间，在后期漏斗中对应发生的 UX 活动。

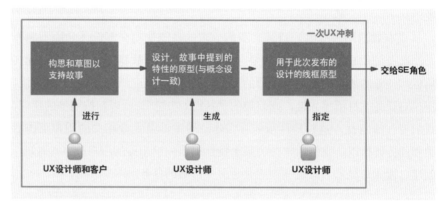

图 29.8
和敏捷 SE 冲刺对应的 UX 冲刺

如图 29.8 所示，当 SE 人员进行冲刺时，UX 人员和客户执行他们自己的冲刺版本。他们首先选择某个故事，或选择关联了一组用户故事的某个特性。

以概念设计为准绳，UX 设计师开始构思交互设计并绘制草图，以支持用户故事中提到的功能。最初的静态线框原型被用作交互设计的草图，最后做出 "交互式" 点击线框原型，以演示交互序列中的导航。

设计审查、设计演练以及迭代设计修复。在这个小的范围内，紧密耦合的 "设计创建 - 原型设计 - 评估" 周期通常会从频繁创建的多张静态线框草图开始。这些草图在 UX 团队内进行迭代审查，在任务级的设计创建 (task-level design creation) 中进行构思。这种早期的设计构思和草图可能还需要短暂地重新进行使用研究，以填补空白并解答关于该特性的问题。

当 UX 团队获得他们认为最好的初始设计后，会在与所有利益相关方 (包括和用户) 进行的演练审查中，以点击式线框原型的形式进行展示。典型的结果可能是多轮反馈、改善和再次评估。

　　然后，与 SE 开发人员一起进行相同类型的演练评估，以获取有关可行性、一致性、平台问题等的反馈。这可能又会导致多轮修复和改善，最后交给开发人员进行实现。到这个时候，UX 设计师和软件开发人员应该已就该特性达成共识了。

　　实现完成后，UX 设计师应根据 UX 设计对结果进行检查，以确保实现的保真度。然后，整个团队将能实际工作的特性提交给客户进行验收审查。

　　表 29.1 展示了哈特森 (Hartson) 在弗吉尼亚理工大学"网络基础设施和服务"团队担任顾问时开发的一个迷你版 UX 核对清单。

表 29.1　后期漏斗迷你 UX 过程核对清单

活动步骤	执行日期	人员
在 JIRA(29.3.1.3 节) 中查看用户故事		
任务级使用研究和建模：确定工作角色，HTI(层次化任务清单) 上下文，任务序列，业务规则，相关的现有应用 / 屏幕，工作流程		
视需要而定：定义术语，数据库模式		
初始 UX 设计的构思和草图		
如果合适，画流程的状态图		
用 Sketch 画线框图		
在 InVision 和 Craft 中，用导航链接连接线框		
在 JIRA 中链接用户故事和线框原型		
和 UX 团队一起：设计审查和演练，迭代		
获得对 UX 的认同		
和开发团队一起：初始 (在实现之前) 设计审查		
更新线框原型，集成来自开发团队的修改		
如果有用的话，提高原型保真度		
和非 UX 的利益相关方一起：设计审查，视情况迭代		
和开发团队一起：设计审查并移交		
UX：创建 JIRA issue，添加到 InVision 的链接，把 issue 分配给开发团队		
开发团队：创建 JIRA issue，把 issue 分配给 UX(到原始 issue 的依赖链接)		
质保 (QA)：检查实现的保真度 (由 UX 负责)—构建的东西应准确反映线框原型		
如没有差异，就签字同意 (由 UX 负责)		
否则：UX 团队创建 JIRA issue："根据 UX 审查反馈来更新软件"		
重复上述过程直到没有差异		

29.7.3　同步两个敏捷工作流程

描述了后期漏斗中的敏捷 SE 计划、敏捷 SE 冲刺和 UX 集成之后,现在要讨论 UX 和 SE 两个团队如何协作并在敏捷过程各自的部分中同步工作流程。

1. 燕尾式工作活动

Miller(2010) 提出了一种并行跟踪敏捷开发的交错进行方法,其特点是跨多个敏捷开发周期交叉进行 UX 活动和 SE 活动。如 Patton(2008) 在其博客中描述的那样,该方法特点在于"先行,后跟"(work ahead, follow behind)。

如《用户故事地图》作者杰夫·巴顿 (Jeff Patton) 所述,敏捷团队中的 UX 人员"成为开发过程中的时间旅行大师,灵活穿越于过去、现在和未来的开发工作中。"这大致基于米勒 (Miller) 的思路,并加入了我们的早期漏斗概念,图 29.9 展示了一个方案,说明了 UX 人员和 SE 人员如何通过渐进迭代期间各种活动的"首尾衔接"(dovetail alternation) 来同步他们的工作。

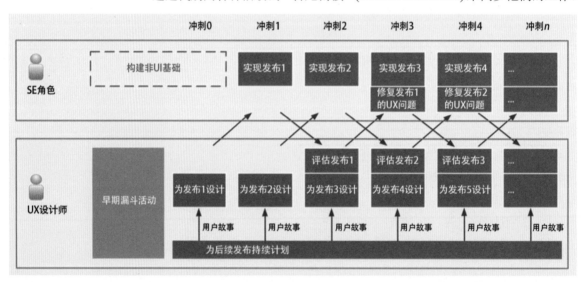

图 29.9
UX 和 SE 工作流程在敏捷过程中交替发生

在最初的敏捷 SE 方法中,SE 人员首先从冲刺 1 开始,采用一组故事并构建一个发布 (release)。若唯一需要的就是实现,这确实很有效。但是,既然我们要纳入 UX 设计和评估,就必须进行一些更改。首当其冲的是 UX 方面在进入初始的"冲刺 0"之前进行的早期漏斗活动。

到了冲刺 0 之后,要遵循 UX 方面关于使用研究和概念设计的早期漏斗工作，并开始和 SE 的节奏同步。早期漏斗活动所需的时间取决于产品或系统的规模和复杂性，以及 UX 团队对问题领域的熟悉程度。冲刺 0 结束时，UX 团队应准备好将初始特性的 UX 设计提供给冲刺 1 的 SE 人员。在此期间，SE 人员专注于其他事情，比如构建支持整个系统所需的软件基础架构和服务，米勒 (Miller) 称之为构建 "高开发、低 UI 特性" (high-development, low-UI features.)。UX 人员完成 "发布 1" 的设计后，会将其交给 SE 人员以便在冲刺 1 中实现，其中包括对该周期的功能故事 (functional storiy) 和交互设计组件的实现。

并非所有 UX 设计挑战都一样；有的时候，并没有足够的时间在一次给定的冲刺中充分解决 UX 设计问题。所以，该设计必须在多次冲刺的设计和评估活动中演进。此外，我们有时想在交互设计中尝试两种变体 (因为不确定哪种更好)，这样就只能在多次冲刺中进行。

由于活动的交错或衔接，团队每个部分的人通常要一次处理多项工作。例如，将 "发布 1" 的设计移交给 SE 人员之后，UX 人员马上开始 "发布 2" 的设计，并一直做到冲刺 1 结束 (此时 SE 人员写的是 "发布 1" 的代码)。在任何给定的冲刺中，例如冲刺 n，UX 人员都在为 冲刺 $n + 2$ 进行使用研究和计划，同时为冲刺 $n + 1$ 进行设计 (和制作原型)，并评估冲刺 $n - 1$ 的设计。

跟随单次发布 (发布 n) 的 "生命周期"，我们看到在冲刺 $n - 1$ 期间，UX 角色开始为 "发布 n" 设计，该设计将由冲刺 n 的 SE 人员实现。UX 在冲刺 $n + 1$ 期间对 "发布 n" 进行评估。SE 则在冲刺 $n + 2$ 中修复它，并在此次冲刺结束时重新发布。

2. 尽早交付的价值

如 Memmel et al. (2007) 所述，完全可以在过程极早的阶段交付设计愿景，使客户的早期介入获得很好的效果。

对第一个特性进行反馈，其作用可能远远超出该特性及其使用。这是团队获得任何真实反馈的第一次机会。能从中获得许多额外的东西，而非仅仅局限于该特性。例如，将获得有关过程如何运作的反馈。将获得有关设计总体风格的反馈。将听到客户正在思考的其他疑问和问题 (question and issue)，而在非敏捷的过程中，要到很晚才能接触到这些东西。客户甚至可能根据本次交互重新排定故事卡的优先级。这种早期的反馈非常符合 "充分沟通" 以及 "尽早和频繁更改" 的敏捷原则。

3. 持续交付

向客户和用户的交付是连续的，却又是分段 (分块) 的。任何给定的冲刺 (称为冲刺 n) 结束时，客户会看到下一个发布 (upcoming release) 的 UX 原型。而在下一次冲刺 (冲刺 $n+1$) 中，他们会看到该原型的完整功能实现。到了冲刺 $n+2$ 的时候，他们会看到同一个原型的 UX 评估结果。而到冲刺 $n+3$ 的时候，他们会看到最终的重新设计。每个这样的时间点都是客户就交互设计提供反馈的机会。

4. 回归测试的重要性

回归测试 (regression testing) 是敏捷 SE 过程中的一个步骤，用于将测试并通过 (tested-and-passed) 的最新特性与之前的所有特性集成到一起。没有回归测试，敏捷方法不过是一种增量的瀑布方法。你会被冲刺 0 和冲刺 1 中的决策困住，无法迭代主要概念。不幸的是，在实践中，冲刺的时间压力可能导致团队砍掉回归测试。

另外，这种快速测试非常容易，而且大多数时候都能在 SE 一侧自动进行。但 UX 这一侧则是一个完全不同的故事。在 UX 这一侧进行回归测试，需要在每次冲刺之后进行评估，并在将其发布给客户之前使用来自之前和当前冲刺的所有度量工具 (例如基准任务或调查)。在实践中，几乎永远没有足够的时间来做到这一点。

5. 跨迭代进行计划

在图 29.9 最底部的框中，我们说明要跨越所有冲刺周期连续性地进行计划。也就是说，计划并非随时间的推移，在流程的特定位置发生在一个接一个分离的小框框内。计划更像是一个"伞状"活动，随时间的推移而分布，而且它是累积的，因为在该过程中，我们和用户共同建立了一个基于敏捷使用研究的"知识库"。整个计划过程不会因每个周期的计划而重新开始。

相反，同一个知识库被反复查询、更新和整理，它使用了最初小的前期分析和设计结果，以及后来作为补充的任何新增内容。由于概览和概念设计 (overview and conceptual design) 在此过程中不断发展，所以这种 UX 计划为原本完全自下而上的过程带来了一些自上而下的好处。

6. 同步期间的沟通

　　一旦出现任何问题，这种相互交织的开发过程会面临分崩离析的风险。因而，迫切需要持续保持沟通，每个人都需要了解其他人在做什么，其他人取得了哪些进展，以及遇到了哪些问题。

　　敏捷过程可能比重量级过程更脆弱。在一个紧密合作的整体活动中，由于每个部分都依赖于其他部分，所以一旦某个地方出问题，可能几乎没有时间对意外做出反应。持续沟通有助于在最大程度上降低这种风险。

UX 可供性、交互周期和 UX 设计准则

第VII部分包含许多相关的主题。定义和解释了 5 种不同类型的 UX 设计可供性，并描述了在 UX 设计中组合它们的一种方法。交互周期是一个描述模型，它描述的是与产品或系统交互所经历的不同阶段与用户操作的类型。UX 设计准则围绕交互周期进行组织，并给出了在 UX 设计中使用可供性的"规则"。

UX 设计中的可供性

30.1 导言

30.1.1 鸣谢

感谢 Taylor & Francis 出版社允许我们将发表在《行为与信息技术》上的一篇论文 (Hartson, 2003) 作为本章的主要素材。

30.1.2 可供性的概念

在字典中查找对"可供" (to afford) 的解释，是指能够赋予 (offer)、产生 (yield)、提供 (provide)、给予 (give) 或供应 (furnish) 某物。例如，房屋中有一扇特定的窗户可以提供户外的美景，即窗户能帮助我们看到那美丽的

* 译注

对可供性 (affordance) 的翻译比较混乱，在维基百科中有直观功能、预设用途、可操作暗示、符担性、支应性、示能性等译法，都非常晦涩难懂。虽然后来又出了"直观功能"的译法，但也很容易造成歧义。事实上，它是指某物体自身表现出的"我该怎么使用"的性质，是对于其功能的视觉提示。用通俗的话来讲，这个东西看上去应该怎么使用。比如门拉手可以转动、按钮可以按下等。

风景。在 UX 设计中，我们专注于帮助用户，UX 可供性 (affordance) 是指在 UX 设计中帮助用户做或感受某事的东西。

33.2 节简要讨论可供性的背景和历史。

30.1.3　可供性问题在 UX 设计中的重要性

HCI(人机交互) 或 UX 很少有主题像"可供性"概念一样被误解和误用。只是，作为有效 UX 设计核心的概念也没有几个。事实上，可供性的概念是贯穿所有 UX 设计最基本的概念之一。由于可供性是帮助用户做事，你可以想象大多数可用性和 UX 问题都涉及设计中的可供性问题。这些可供性问题并没有像它们本来应该的那样帮到用户。类似地，大多数 HCI 和 UX 设计准则也与可供性有关。

30.1.4　可供性揭秘

虽然 Norman(1999) 指出的"可供性"概念是一个至关重要且强大的概念，但却遭到研究人员和从业人员以及文献的误解和误用 (或者可能是乱用)。由于这一领域关于可供性的混淆，造成这个概念看起来神秘又难以捉摸，所以我们这几章的目标是揭开它身上的神秘面纱，并将作为一个有趣的话题来呈现，最后你会觉得它在 UX 设计中引人入胜、有趣且非常有用。33.3 节进一步讨论了文献中对于可供性的混淆。

30.1.5　UX 设计 5 种不同的可供性

为了澄清可供性的概念及其在 UX 设计中的使用方式，我在 2003 年定义了 4 种类型的可供性，每一种在交互过程中的用户支持方面都扮演着不同的角色，每一种都反映了用户过程 (user process) 以及用户在执行任务时采取的行动的种类。自那篇论文以来，后面又添加了第 5 种可供性类型，从而获得如图 30.1 所示的这一组可供性类型。表 30.1 对这些可供性类型及其在 UX 设计中的作用进行了总结。

为方便理解，本章是将与每种可供性关联的人类感官分开讨论。但是，人脑会整合我们从所有感官中获得的信息，并使用每种感官来调解其他感官 (Obrist et al., 2016; Rosenblum, 2013)。

就像 Gaver(1991, p. 81) 说的，从设计这个角色的角度考虑可供性，"允许我们将可供性视为可用它们自己的术语进行设计和分析的属性。"不种类型的可供性使用了不同的机制，对应不同种类的用户行动，对设计有不同的要求，在评估和问题诊断中也有不同的含义。

作为一个入门示例，请考虑用户界面上可供点击的一个按钮。感官可供性可帮助感知 (这种情况就是看到或注意到) 它。例如，可通过按钮的颜色、大小和 / 或位置来支持设计中的感官可供性。认知可供性通过领会按钮的用途来帮助你理解按钮，在这种情况下是通过其标签的含义。物理可供性有助于以可靠的方式点击该按钮，相应的设计支持可能包括按钮的大小，或其与其他相关按钮的距离。

表 30.1　可供性类型总结

可供性类型	说明	示例
认识可供性 (cognitive affordance)	帮助用户采取认知行动的设计特性。这些认知行动包括思考、决定、学习、记忆和了解事物	按钮上的标签帮助用户了解点击它后会发生什么
物理可供性 (physical affordance)	帮助用户采取物理 (身体) 行动的设计特性。这些物理行动包括点击、触摸、指向、手势和移动事件	把按钮设计得足够大，使用户能准确地点击到它
感官可供性 (sensory affordance)	帮助用户采取感官行动的设计特性。这些感官行动包括看、听和感觉 (以及尝和闻) 事物	使用足够大的标签字号，使人能看清楚
功能可供性 (functional affordance)	帮助用户使用产品或系统完成工作的设计特性 (即系统功能的有用性)	提供一个内部的系统功能，能对一系列数字进行排序 (用户点击 Sort 按钮来调用)
情感可供性 (emotional affordance)	为用户体验增加情感影响，并帮助用户欣赏和享受交互的设计特性	把网页设计得令人赏心悦目，并使交互变得有趣

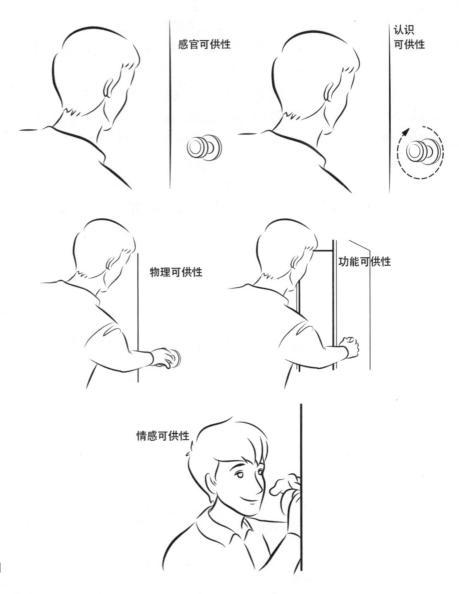

图 30.1
UX 设计中的可供性示意图

30.2　认知可供性

30.2.1　简介

1. 认知可供性的定义

　　认知可供性 (cognitive affordance) 是一种设计特性，它可以帮助、辅助、支持、促进或实现对某个事物的思考、学习、理解和认识。正因为如此，认知可供性是当今交互系统 (基于屏幕或其他方式) 中最重要的、以使用为中心的设计特性之一。它们是代表用户回答问题 (Norman, 1999, p. 39) 的关键："你怎么知道要做什么？"

认知可供性与用户界面工件的语义或意义有关。作为一个简单的例子，一个能清楚传达其含义的图标符号就是一种认知可供性，使用户能从其背后的功能和点击它的后果方面理解该图标。另一种认知可供性则是直接提供清晰简洁的按钮标签。

从这方面说，认知可供性是作为前馈 (feed forward) 使用的。它需要有先验知识 (priori knowledge) 的帮助，即用户在对调用一个功能的按钮、图标或菜单选项等对象执行操作之前，要先掌握用于预测结果的知识。

认知可供性的另一个用法是反馈，例如帮助用户了解点击按钮后发生了什么 (即执行了相应的系统功能)。反馈帮助用户了解到目前为止交互过程是否成功，或者是否发生了错误。

2. 在针对新用户的 UX 设计中担任主角

认知可供性在 UX 设计中发挥着重要作用，尤其是对于经验不足的用户，它有助于理解和学习。

3. 用户如何获取认知支持信息

认知可供性的全部意义在于，用户需要了解事物是如何运作的。用户可通过哪些方式获取关于如何使用或操作对象或设备的信息？

头脑中的知识。首先，用户的头脑中有知识，这是通过培训或经验来学到的。

世界中的知识。然后就是世界中的知识，即对象和设备固有的知识，它为我们提供了关于其运作方式的线索。这是吉布森 (Gibson) 生态观中固有的一种可供性 (Gibson, 1977)。吉布森是一位感知心理学家，他对感知采取了一种"生态"方法，这意味着他。吉布森的可供性是相对于人而言的环境属性和对象，以及"可以直接感知的环境中事物的'价值'和'意义'"(Gibson, 1977)。吉布森在谈到物理属性时，举了一个例子来说明水平、平坦和刚性表面如何为人的站立或行走提供支撑。

设计中的知识。最后，设计师通过有意设计的认知可供性增加知识，例如按钮上的标签或建议执行一个操作的消息。这种交流取决于设计者和用户之间的共识。参考下一节，了解如何从共同约定中提取含义。

示例：邮件图标作为认知可供性

图 30.2 的图标是提供图形认知可供性的一个例子。该图标以一种清晰简洁的方式，用简单的图像来传达相应键背后的含义，用它可以收发电子邮件。

图 30.2
清晰的邮件图标

4. 从共同约定中发现认知可供性的含义

认知可供性的一个重要功能是交流，这取决于对含义的共识。但是，认知可供性的含义往往不是其外观所固有的。符号本身可能没有内在含义，而只是关于图像、图标或符号（例如，停车标志的形状或紧急出口的图标，甚至一些单词或短语）的含义的一种共同约定。

33.4 节讲述了如何通过共同的文化习俗提取认知可供性的例子。

示例：开门装置

根据《日常事物的设计》(Norman, 1990) 一书的传统，我们用一个简单的、无处不在的非计算机装置来说明，这是一个用于开门的装置。五金店有圆形门把手和拉手式的门把手。这两者的视觉设计都传达了一种认知可供性，用户通过其外观就大致猜到用法："这是用来开门的东西。圆球和拉手式的设计暗示操作时一个需要旋转，一个需要抓握。"

在用户必须推一下才能开门的情况下，设计师可能考虑在门把手下方安装一个铜牌子来显示应该推以及推的位置。虽然这个牌子还有助于避免在门上留下手印，但它是一种认知可供性，而非真正的物理可供性，因其不会为门本身增加任何东西来帮助用户执行"推"这一动作的物理部分。有的时候，牌子上会直接写上一个字"推"(PUSH) 来增强认知可供性。

但是，大家之所以如此熟悉门的操作，或许主要原因还是由于共识或者共同的文化习俗。有的人可能觉得，门把手的外观没有什么内在的东西在传达这种信息。但在一个外星球上，这个东西看起来就可能太神秘了，太令人困惑了。对我们来说，门把手根本没什么大不了的，它的形状传达了很好的认知可供性，因为几乎所有用户都对其取得了共识。

练习 30.1：基于文化习俗理解含义

你能想到在什么情况下，根据共同的约定，一个物体的意义在一种文化中被认为理所当然，但在另一种文化中却有完全不同的意义？这些差异会如何影响来自另一种文化的人的行为？

30.2.2　认知可供性设计问题

在所有种类的可供性中，认知可供性也许是 UX 设计中最重要的，设计时需要非常仔细。我们通过认知可供性来确保以下几点：

- 措辞清晰
- 措辞正确
- 措辞完整
- 用户行为可预测
- 不同含义可区分
- 以用户为中心表达含义

第 33 章在讲述 UX 设计准则的时候，将讨论这些认知可供性设计问题以及更多。

1. 方便用户上手的认知可供性

图 30.3 展示了一个非常简单的认知可供性示例，它帮助在 Mac 上使用 Keynote 的入门用户知道如何开始制作演示用的幻灯片。该应用程序和 Windows 上的 PowerPoint 一样，都属于典型的大型应用程序。在这种应用中，用户通常一开始面对的是空白屏幕。应用程序的所有功能就在那里，只是用户不知道如何开始。但一旦开始了，就会变得越来越容易，因为你可以在任务线上不断地响应反馈。

2. 帮助用户避免任务完成时出错的认知可供性

有的时候，认知可供性可帮助用户避免任务完成时出错。这通常要求以简单的方式提醒用户完成最后一步，例如"请拿好您的票和收据"。图

30.4 展示了一个认知可供性的例子，它提醒发邮件时添加附件。

如果邮件正文中出现了"附件"(attach) 一词的任何变体，但发送时又没有附件，系统会询问发件人是否忘记了添加附件。

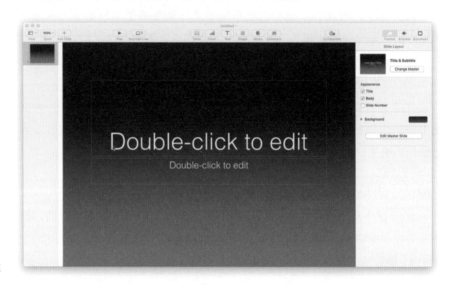

图 30.3
帮助用户开始的认知可供性

图 30.4
提醒用户添加附件的认知
可供性

3. 错误的认知可供性会造成误导

有一些不应该出现在 UX 设计中的东西——我们称之为错误认知可供性 (false cognitive affordances)——看起来像认知可供性但却是错误的，会对用户产生误导和混淆。由于认知可供性会对用户产生强大的影响，所以在设计中滥用认知可供性，可能会阻碍可用性和良好的用户体验。吉布森称之为"可供性的误传"(misinformation in affordances)。例如一个玻璃面板，它看起来像一扇门，但却没有提供通道。Draper and Barton(1993)把这称为"可供性错误"(affordance bug)。

示例：门牌中的错误认知可供性

你怎么看图 30.5 一家本地商店门口的标志图片？难道这扇门只能从外面进去，不能从里面出来？他们可能重用了一个设计物件，即"非请勿入"(Do Not Enter) 标志，而不是定制一个更适合具体使用情况的标志。由此产生的混搭令人啼笑皆非。

图 30.5
这扇门带有令人困惑的标志，其中包含相互矛盾的认知可供性

示例：伪装成按钮的链接中的错误认知可供性

一个常见的错误认知可供性的例子是在网页链接中出现的，这种链接被做成了按钮的样子，但行为又不像按钮。这是我们在一个真实的数字图书馆系统的评估中发现的。在图 30.6 中，注意在一个数字图书馆网站顶部菜单栏中，被添加了灰色背景的文字。它们整体是按钮的形状，但事实上是代表各种功能的标签。

但它们实际只是文本超链接，周围的灰色框框背景只是图形。但用户不知道这一点，他们可能会点击背景，以为它是按钮的一部分 (我们在评估中不止一次看到)。结果是显而易见的，什么事情都没有发生，他们一下子就糊涂了。看起来像"按钮"的东西实际只是一个超链接，要求精准地点中文本。这是一种错误的认知可供性，因其似是而非。

图 30.6
菜单栏中的链接不像链接，参见像按钮，这提供了错误的认知可供性

| Simple search | Advanced search | Browse | Register | Help |

示例：看起来像网页结尾线的错误认知可供性

网页内容太多必然会分屏 (需向下滚动才能看到更多内容)，而这可能因为一条水平线恰好落在屏幕底部而变得复杂。用户看到这一条线，会错

误地以为它代表页面到底了，所以潜意识地不再滚动，从而遗漏了下方可能的重要信息。

示例：微波炉控件中的错误认知可供性

作为另一个例子，图 30.7 展示了一台旧微波炉的一部分。DEFROST(解冻) 和 COOK(烹饪) 设置之间有一个功率刻度盘，似乎能用它指定不同的功率。但实际上，这只是一个二元选择，要么解冻，要么烹饪，两者之间不存在任何更多的功率选择。许多微波炉确实在解冻和全速烹饪的功率水平之间提供了更多的选择，但这一台就是没有。设计师抵制不了用误导性的"设计细节"来填充这两个二元选择之间的空间的诱惑，结果就是错误的认知可供性。

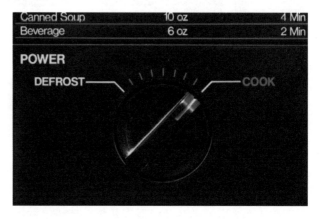

图 30.7
在微波炉仅由的两种功率
之间充当摆设的刻度盘

30.3 物理可供性

30.3.1 简介

1. 物理可供性的定义

物理可供性 (physical affordance) 是一种设计特性，它可以帮助、辅助、支持、促进或实现对某个事物执行物理操作。得体的大小和易于访问的位置是用户界面中按钮设计的物理可供性特性，目的是方便用户点击按钮。物理操作包括点击、抓取、拖动、触摸、滑动等。物理可供性与 UI 工件的"可操作性" (operability) 特征相关联。这些 UI 工件除了计算机软件界面中的对象之外，还包括真正的硬件按钮、旋钮、手柄、刻度盘或拉手。它们可以是电梯或 ATM 设计的按钮，甚至可以是汽车驾驶机构，如方向盘或刹车踏板。可操作性通常与此类设备的物理特性和相关的人因问题有关。

例如，我们通常将屏幕上的界面对象视为真实的物理对象，因其同样可以为物理操作 (如点击或拖动) 的接收端。

示例：“添加到购物车”按钮作为物理可供性

图 30.8 展示了一个物理可供性的例子，即“添加到购物车”按钮。将按钮作为物理可供性来分析时，我们要问：“点击这个按钮的话，容易程度如何？”答案自然是点击这个按钮很容易，毕竟，他们希望你将购物车加满。

图 30.8
“添加到购物车”按钮作为物理可供性

2. 在针对经验丰富或高级用户的 UX 设计中担任主角

如前所述，对新手用户来说，认知可供性扮演着重要角色。物理可供性也能发挥主要的作用，但仅适合有经验的用户或超级用户 (power users)。他们的生产力与任务绩效都和身体 (物理) 动作的速度有关，能使身体动作变得高效，尽可能快和无差错。由于超级用户已经知道要执行什么操作，所以对认知可供性的需求较少。

3. 有的物理可供性比其他的更好；有的则取决于用户

决定一种物理可供性是否比另一种更好，取决于个人用户。图 30.9 展示了旧的黑莓手机，它是少数配备全物理键盘的智能手机之一。有的人就是喜欢拥有这么一个真正的键盘，一个提供触觉反馈的键盘。这是黑莓制造商长期以来将其保留在设计中的原因之一。

但在小型设备上，按键必须很小且彼此靠得很近。我个人认为这种拥挤的设计会导致不太理想的物理可供性，并可能导致很多打字错误。

图 30.9
带有物理键盘的黑莓手机

相比之下，iPhone 或 iPod 等其他移动设备提供的是软触摸键盘 (图 30.10)。起初，我不太喜欢那样，但没多久就习惯了。现在，我居然有点喜欢它了。我认为，该设计通过非常好的视觉和听觉反馈赢得了我的认可。我可以在屏幕上看到按了哪个键，以及何时按下，这有助于避免错误。

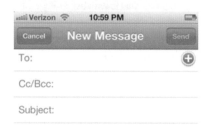

图 30.10
iPhone 的软键盘

4. 开门装置的物理可供性

现在回到之前说的开门装置。图 30.11 展示的这些每个都有所区别，外观不同，甚至操作方式也不同。每个都通过自己的方式来为开门操作提供物理抓取和旋转。

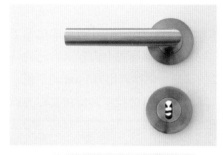

图 30.11
开门装置的物理可供性

　　其中一些设计，例如拉手，被认为比圆形旋钮具有更好的物理可供性，因为拉手更容易在手滑或手不得空而必须用手肘操作时使用。双开门上的推杆是另一个有助于双手开门的物理可供性例子。

　　有的时候，帮用户开门的物理可供性是由门本身提供的；旋转门推一下即可打开。类似地，有时摆动门 (swinging door) 的用户必须通过拉动才能打开。门本身通常不会为"拉"这个动作提供足够的物理可供性，所以要添加拉手。拉手同时提供认知和物理可供性，提供"拉"的物理形式以及需要拉动的视觉提示 (30.3.1.5 节)。

示例：有的物理可供性就是比别的好，比如门的拉手

　　几年前，我有机会设计自己的家。我关注的一个细节是确保房子里的每个门把手都是图 30.11 左上角的"拉手"类型。这是因为，根据我的经验，这种形式在更广泛的使用情况下提供了更好的物理可供性。例如，如果手不得空，或者又湿又滑，这种拉手可支持额外的操作，例如用肘部开门。患有关节炎或因其他身体限制而无法牢牢抓住圆形门把手的人会发现很难抓住和旋转把手，拉手则容易得多。

Gibson 的可供性生态视角
Gibson's Ecological View of Affordances

看待可供性的一个视角，认为对象和设备中固有的知识为我们提供了关于其运作方式的线索。Gibson(1977) 研究了生物 (比如人类) 与其环境之间的关系，尤其是环境为人提供或供应 (offers or afford) 了什么。例如，一个水平、平坦和刚性表面如何为人站立或行走提供支撑 (30.2.1.3 节)。

5. 物理设备也能提供认知可供性

这种物理可供性也可作为认知可供性。看到它时，其外观可能暗示了有关如何操作它的一些信息。换言之，它在其物理形式中内置了自己的认知可供性。这就是一种从生态角度出发的认知可供性。用 Gibson 的话说，这是由于图 30.12 处于自然状态（例如，没有标签）的拉手和旋钮都在齐声呼唤并说："抓住我，转动我；这就是你开门的方式。"

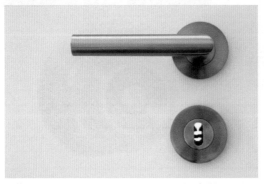

图 30.12
物理设备提供了关于如何开门的认知可供性

6. 物理设备也能提供情感可供性

有的设计真的很好看，甚至外观都能带来一种优美的感觉，而且令人自豪。就个人而言，我更喜欢图 30.13 中的那个。对我来说，这是一个简单的设计，有优美的线条。

至于图 30.14 的那个，是否符合审美（或怪诞）取决于你。但至少，它肯定会以这样或那样的方式产生情感影响。

图 30.13
作者自以为美观的门拉手

图 30.14
你怎么看这个门把手

30.3.2 物理可供性设计问题

物理可供性设计问题与和以下内容有关，具体将在后续小节中解释：

- 帮助用户执行物理 (肢体) 动作。
- 适应身体残疾。
- 尴尬的肢体动作。
- 设备设计的人因和人体工程问题。
- 物理性。
- 精细操作和费茨法则 (Fitts, 1954；MacKenzie, 1992)。
- 物理动作的一个特征，我们称之为物理超调 (physical overshoot)。

第 33 章在讲述 UX 设计准则的时候，将讨论这些物理可供性设计问题以及更多。

1. 帮助用户操作物件

最重要的是，物理可供性设计问题关于的是帮助用户执行物理操作，通常是操作用户界面上的物件。它关于的是用户执行物理操作的难易程度。虽然这肯定适用于 GUI 设计，但同样适用于具有真实按钮和旋钮的硬件界面。

2. 身体残疾

一些人因和 UX 设计要求关注用户的身体残疾和身体限制，这是物理可供性的核心。显然，人类用户的身体能力存在个体差异。例如，非常小或非常年长的用户在操作鼠标或其他指点设备时，可能难以进行精细的运动控制。

人类用户天生就存在一些局限性，还一些人因事故或疾病而残疾。没关系，物理可供性的设计是你顺应其需求的地方。

3. 尴尬的肢体动作

尴尬 (awkwardness) 是我们在 UX 设计中可能不会经常考虑的事情，但只要意识到了，它其实是最容易避免的困难之一。有的设计会造成非常尴尬的肢体动作，例如要求在按住 Ctrl，Shift 和 Alt 键的同时按住鼠标按钮进行拖动。这不仅令人尴尬，还浪费时间和精力。

此外，需要笨拙的手部运动的设备可能会导致重复使用的疲劳。例如，墙上与眼睛齐平的触摸屏可能导致手臂疲劳，因为交互过程中，必须将手举到半空。

另一个尴尬的例子是用户必须在多种输入设备之间不断切换。例如，必须在键盘与鼠标之间切换，或者在其中任何一种设备与触摸屏之间切换。这种行为涉及持续的"归位"动作，没有时间在一个设备上"安顿"下来。这非常耗时且费力，是对认知焦点、视觉注意力和身体动作的一种干扰。

4. 物理性

物理性 (physicality) 是指与真实物理 (硬件) 设备的真实直接物理交互，例如抓握和移动 / 扭动拉手和旋钮。它关于的不是点击"软"的显示控件，例如箭头、按钮或滑块的图像 (例如调电台或调音量)，而是关于真正的推、拉、抓握和 / 或转动真实的硬件装置 (例如旋钮、按钮和拉手)。

示例：汽车换挡把手中的物理性

图 30.15 显示了一个换挡把手，它是物理性的典型例子。那个把手看起来很容易抓握。它突出地立在那里，很适合人手操作。皮革外观赋予其良好的抓握质感。几乎每个人都喜欢这个东西提供的物理性。在你自信地换挡时，它提供了可靠的抓握力和令人满足的控制感。

长期以来，物理性一直是人因工程师面临的问题。Don Norman(2007a) 使其在 HCI/UX 社区引起了广泛注意。

图 30.15
汽车挡把具有典型的物理性

示例：收音机控件的有限物理性

图 30.16 展示了说明物理性问题的一台车载收音机。虽然这款收音机确实提供了物理音量控件，但没有用于调台的旋钮。调台通过按压左侧的上下箭头键来完成。这种设计缺乏几乎所有人都喜欢的从抓握和转动旋钮中获得的令人满意的物理性。

图 30.16
车载收音机的物理性有限

5. 精细操作和费茨法则

　　在影响物理可供性的所有特征中 (尤其是在 GUI 中)，有两个值得注意的是要操作的对象的大小和位置。大的东西肯定比小的东西更容易点击。而且该对象的位置决定了它有多容易访问。

　　这些关系由费茨法则 (Fitts' law) 表示，这是一种基于实证的理论，表示为一组控制人类行为中某些肢体行动的数学公式。拿到 HCI/UX 领域，费茨法则控制着对象选择、移动和拖放的物理移动 (例如光标的移动)。

　　它特别适合描述从初始位置到终点位置的一个目标对象的移动。预测移动时间的公式。

- 　与移动距离的 log2 成正比。
- 　与垂直于运动方向的目标横截面的 log2 成反比。

　　此外 (未由费茨法则表示)，移动时间也与沿运动路径的目标深度是成反比的。

　　错误概率是相同的，即与移动距离的 log2 成正比，与垂直于运动方向的目标横截面的 log2 成反比。类似地，精度与垂直于运动路径的目标深度成正比。

　　在表 31.2 中，我们将其转化它之于 UX 设计的含义。

　　费茨法则是 HCI 理论的要素之一，也是早期 HCI 文献中众多实证研究的主题。(Fitts, 1954; MacKenzie, 1992)

表 31.2　费茨法则在 UX 设计中如何发挥作用

实际结论	设计意义
更长距离的移动需要更多时间 (并产生更多疲劳)	将与任务流程相关的可点击对象组合到一起，但不要太近以至于可能导致错误选择
小对象比大对象更难点击	使可选择的对象足够大以便点击
较小 (较浅) 的物体更难作为移动的目标落点	使目标对象足够大，以便快速准确地终止光标 (指针) 移动

6. 物理超调

什么是物理超调

移动一个对象、光标、滑块、拉手、开关时，如果物理动作过猛，超出了你想要的位置，就会发生所谓的物理超调 (physical overshoot)。计算机界面中的一个例子是滚动条的设计，若将上面的滑块拉得过远，就会发生物理超调。手机屏幕上的列表也是一个例子，如果向上或向下滑动得太猛，以至于超出了屏幕内容的极限，也会发生物理超调。

示例：自动变速器的降挡

图 30.17 展示了我曾拥有的一辆旧皮卡车的变速箱挡位指示器。在底部从右向左看，是挡位从低 (1 挡) 到高 (显示为围绕 "D" 的圆圈，D 是 drive 或 overdrive 的意思) 的一个常见的线性换挡过程。

平时开车的时候，这是一个相当不错的设计，但当你从长坡上开下来时，可能想降为三挡，利用发动机的阻力来保持限速，同时不会对刹车造成磨损。

但是，由于换档运动是线性的，所以从 D 挡向下拉控制杆时，很容易超过三挡并最终换成二挡。这个操作错误的结果会立马显现，因为发动机的转速会突然变得特别高。

图 30.17
自动变速器换挡

练习 30.2：物理超调的其他例子

你能想到日常生活中可能遇到的其他任何物理超调的例子吗？

限制物理动作以防止超调

在非计算机的例子中，可以通过构建物理约束来控制超调，如下例所示。在计算机应用程序中，可通过额外的控制来防止超调，例如，使用箭头键进行最终的幻灯片调整，或者在到达列表末尾时使用橡皮筋效果来"弹回"你的超调。

示例：限制换档模式

图 30.18 展示了丰田塞纳 MPV 的换档机构，它引入了阻止物理运动过猛的"屏障"。

图 30.18
丰田塞纳中加了屏障的换档机构，可阻止物理超调

假设在 D 挡的时候 (图中的 4-D)，驾驶员将操纵杆拉下以降挡。此时很容易降至三挡 (图中的 3)，但继续换挡会被挡杆周围的切口"模板"挡住，防止它超调并降至二挡。用户不太可能会意外换到二挡，因为这需要额外的动作，要先将挡杆向右移动，再向下移动。

这是在设计中有意考虑物理可供性的例子，它通过对物理操作进行约束来帮助用户保持在物理边界以内。

30.4　感官可供性

30.4.1　简介

感官可供性的定义

感官可供性 (sensory affordance) 是一种设计特性，它可以帮助、辅助、支持、促进或实现对某个事物的感知 (例如看、听、感觉)。感官可供性与用户界面中工件的"感知能力"(sense-ability) 相关，即人类用户感知 (例如"看") 一个给定的交互对象的能力，尤其是对认知、物理或情感可供性的感知。感官可供性的设计问题与用户界面对象的呈现有关，包括与视觉、听觉、触觉相关的特性或设备的显著性 (noticeability)、可辨识性 (discernibility)、易读 (legibility，如果是文本的话) 和可听性 (audibility，如果是声音的话) 或其他感觉。

虽然认知可供性和物理可供性是 UX 设计的明星，但感官可供性也起着重要的支持作用。 例如，按钮上的标签文本要想易读，需使用合适大小的字体，而且文本和背景之间要有恰当的颜色对比。

30.4.2　视觉感官可供性设计问题

视觉感官可供性 (visual sensory affordance) 设计问题关于的是与用户视觉感知 (即"看") 能力相关的特征，如下所示。

- 可见性 (visibility)
- 显著性 (noticeability)
- 可辨识性 (discernibility)
- 文格的易读性 (text legibility)
- 可区分性 (distinguishability)
- 颜色
- 呈现时机 (presentation timing)

第 33 章在讲述 UX 设计准则的时候，将讨论这些感官可供性设计问题以及更多。

1. 可见性

可见性的特征在于，对用户来说，重要对象是否对用户可见。如一个对象不可见，有时是因为它被另一个对象挡住了。或者有时看不到某个对

触觉
haptics

用户和机器之间通过物理接触进行的触觉交互中涉及的触觉和感觉的 UX 设计问题 (30.4.4 节)。

象是因为它根本就不在屏幕上。在这些情况下，用户可能必须采取一些操作才能访问对象并将其显示在屏幕上。

示例：顾客找不到除臭剂

这个非计算机的例子以当地一家杂货店为背景，购物者的简单任务是购买一些除臭剂。店里重新进行了布置，所以他无法靠记忆来定位除臭剂的位置。他穿过各种过道，看着头顶的标志，但没有任何东西符合他的搜索目标。

在询问店员后，他被告知："哦，它就在那边。"店员指着他刚刚已经走过的一个过道。"但我没有看到任何除臭剂的标志。""哦，有的，有一个标志。"店员回答说："你要站近一点，找找最后那排架子顶部的挡板后面。"图 30.19 展示了这个所谓的"面板"。

如图 30.20 所示，如果你真的"走近并检查端头那个货架顶部的挡板后面"，那么确实能看到"除臭剂"标志。

货架顶部的挡板真的好美观，但它们被放在一个完全挡住了"除臭剂"标志和其他标志的位置，将重要的认知可供性（那个"除臭剂"标志）完美地隐藏起来了。

图 30.19
美观的挡板真的"挡"住了作为认知可供性的标志

图 30.20
仔细找才能发现标志

2. 显著性

想想有没有一种对用户很重要的对象，它技术上可见，但却并不显著？将交互对象随便放到屏幕上的一个位置可不够。要让它有用，用户必须能注意到它。用户有时并不知道一种认知可供性的存在，所以不一定会去主动寻找它。在这个时候，显著性 (noticeability) 尤其重要。作为 UX 设计师，你的工作是让用户注意到它。你的设计必须培养用户对必要对象的意识。

用户关注的焦点

让交互对象受到关注最重要的设计因素是将其置于用户关注的焦点之内。

计算机上有一个对象不易受到关注的例子，即屏幕底部状态行上显示的消息。众所周知，这种消息行很不起眼，因其在大多数用户的焦点之外。

在任务执行过程中的任何时间点，用户的注意力通常都很窄，一般靠近光标所在的位置。 所以，光标旁边弹出的消息通常比屏幕底部一行中的消息更引人注目。

对象大小

更大的对象更容易被注意到。

对象颜色对比和分离

交互对象的颜色若与背景形成良好对比，会更引人注目。影响显著性的另一个因素是将重点对象与其他一大堆 UI 对象分开。

示例："放映幻灯片"图标在哪里?

任何有经验的 PowerPoint 用户都知道进入幻灯片放映模式的图标是看起来像一个幻灯片放映屏幕的小图标。而且,一旦你知道它在哪里,那就没问题了。但是,没有经验的用户可能永远不会在没有帮助的情况下找到它,因为这个图标太小了,而且它是隐藏的(在正常的焦点之外)。

在图 30.21 正在编辑的 PowerPoint 幻灯片中,红色箭头指向的是非常小的"放映幻灯片"图标,然而,放映幻灯片是使用 PowerPoint 时最重要的操作之一!

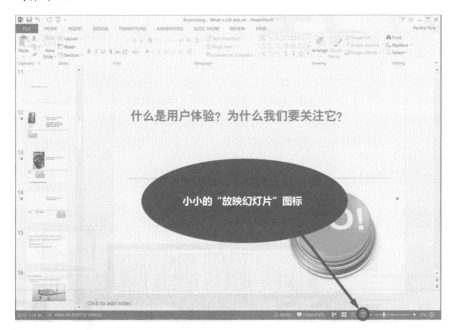

图 30.21
怎么开始放映 PowerPoint
幻灯片

3. 可辨识性

仅仅让一个重要的交互对象可见和显著还不够;它还需要可辨识。用户能否辨识、检测或识别重要对象?换言之,用户能否识别物体、它的形状和颜色?

示例:音响系统的黑底黑字

图 30.22 展示了一台 CD 播放机面板,它曾经是我的音响系统的一部分。播放和停止等控件是浮雕了黑色图标的黑色按钮。某些设计师一定以为使用这种黑底黑字的配色方案很酷,也很美观。

图 30.22
灰黑背景上的灰黑图标的
时尚（？）设计

但这些符号很不容易辨识。即使光线良好，也不容易看清楚。而且，这些符号浮雕的高度不足，无法作为触觉输入来辨识。

这也是要为使用场景设计的一个很好的例子。用户一般是想在听音乐时将灯光调暗并放松一下。虽然轻松的氛围营造出来了，但这些控件符号的可见性和可辨识性差，简直让人找不到北。

4. 文本易读性

易读性 (legibility) 关于的是文本的可辨识性。用户能轻松阅读文本吗？易读性要求呈现文本以便阅读或感知，和其中字词的含义是否能够理解无关。无论易读性怎样做，字词的含义都是不变的。

影响文本易读性的设计因素很明显，包括字体、字号、颜色和对比度。

示例：拥挤文本中的小字体，与背景的对比度较差

图 30.23 的标志展示了一个在浅色背景上使用黄色文本的设计（显然是系统开发人员干的）。旁边有个人 (UX 人员？) 看不下去了，留下便笺进行吐槽！

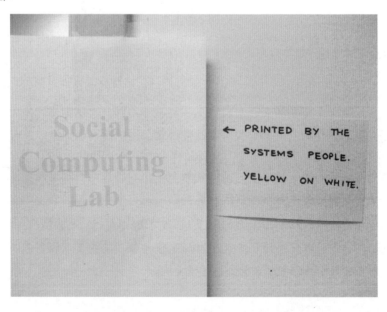

图 30.23
浅色背景上的黄色文本（实验室门上的一个真实的标志，来源不明）

5. 可区分性

可区分性 (distinguishability) 适用于所有感官。它关于的是相似但不同的对象是否能轻松区分。重要的交互对象仅仅可见、显著和可辨识还不够。为避免因为操作的是错误的对象而犯错，重要的交互对象还需要和其他对象区分开。

示例：洗发水和护发素傻傻地分不清

有一个视觉可区分性和考虑使用场景的一个很好的例子。考虑图 30.24 两个在淋浴时使用的瓶子，一个是洗发水，一个是护发素。这些用于不同目的的不同瓶子，但它们非常相似，以至于用户无法轻易区分。

洗发水和护发素的重要区别标签"隐藏"在其他文本中，而且字体非常小，难以区分，尤其是洗澡时眼睛有点睁不开的用户。另外别忘了，使用眼镜的用户在淋浴时是不戴眼镜的。

所以，用户有时会添加自己的可供性。在图 30.25 的例子中，用户自己在瓶盖上写了标签，以便在淋浴时区分洗发水和护发素。

图 30.26 是两种瓶子更好的设计，它从一开始就避免了该问题。

在这个巧妙的设计中，沐浴时需要的第一个瓶子 (洗发水) 正面朝上，需要的第二个瓶子 (护发素) 标签是倒着印的，这样就可以将瓶子"倒置"。这巧妙的设计很容易将两者区分开。

图 30.24
洗发水和护发素的瓶子很难区分

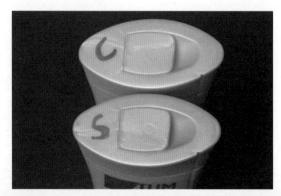

图 30.25
既然感官可供性太差，用户只好自己做标记来区分
(C 代表护发素，S 代表洗发水)

图 30.26
现在就好多了：这个设计能轻松区分瓶子

6. 颜色

颜色的使用是视觉感官设计的一个有趣方面。对颜色的选择通常由专业图形设计师做出，并受组织的标准和品牌形象所要求的约束。要想进一步了解 UX 设计中的颜色使用准则，请参见 32.10.7 节。

7. 呈现时机

有的时候，用户在交互过程中的某个时间需要一个可供性。如果在需要的时候不在那里，就没用。

示例：纸巾分配器即时传达的消息

图 30.27 展示了公共卫生间的纸巾分配器。下一条可用的纸巾会露出

一半，分配器盖子上草图的认知可供性清楚地指示："双手拉下纸巾"。

但是，如果下一条纸巾没有露出，用户什么都抓不着怎么办？现在，需要不同的用户操作来获取纸巾，所以需要不同的认知可供性，如图 30.28 所示。

设计师提供了这种新的认知可供性，告诉用户可推动控制杆 (PUSH) 让下一条纸巾就位。这第二个认知可供性平时会被纸巾遮住，但在需要的时候，它又会变得可见。

从推杆上的"磨损印子"可以看出，这种"例外"情况以及对这种额外认知可供性的需求是经常发生的。

图 30.27
平时取纸巾时的主要认知可供性

图 30.28
帮助取一张新纸巾的备用认知可供性

30.4.3　听觉感官问题

虽然 UX 设计的大多数对象都是视觉上的，但也有提供给用户的听觉信号。听觉感官设计 (auditory sensory design) 问题与视觉感官设计 (visual sensory design) 问题有些平行和相似，只是它们关于的是声音和用户听到声音的能力。下面汇总了 UX 设计的听觉问题。

■ 可听性 (audibility) 问题（对应于可见性问题）
　　□ 用户能听到声音吗？

- 音频提示的显著性
  - 音频提示的音量 (影响显著性的主要因素)。
  - 以及用户控制音量的能力。
- 音频的可理解性、可辨识别性、可区分性
  - 与音频质量有很大关系。
  - 用户能听懂在说什么吗?
  - 频率,音高:
    - ★ 口述的消息应限制在人类听力的中等范围内,不能大,也不能小。
  - 声音模糊。
  - 来自背景噪声的干扰。
- 音频提示的时机。
- 音频提示的音调。
  - 温和的音调以示鼓励,减轻压力。
  - 刺耳的音调让人烦恼和生气。
  - 但刺耳的音调能引起注意。
- 多个音频提示会分散用户的注意力。
- 与可视设计时的品牌形象因素一样,声音也可能要受品牌形象的约束。
  - 一个例子:标志性音频,例如 Windows 启动时的系统提示音。

交互通道
interaction channel
一种手段、模式或媒介,用户通过它和系统的各个组成部分进行交互和通信,其中包括视觉沟通以及语音 / 触觉交互等感官模式。该概念还包括台式电脑、智能手机等设备,以及面向系统的通道,例如互联网、Wi-Fi 连接、蓝牙等 (16.2.4 节)。

涉及听觉输入和输出的交互设计正变得越来越流行。Patel and Hughes(2012) 提出了超越纯视觉用户界面,将任务分配到其他感官的理由。他们建议,尤其要通过听觉通道来支持理解意义并减少认知负荷的任务。听觉交互组件的一大优势是声音通常不会分散用户对视觉通道的注意力。

他们表明,某些时候,非语音的声音——也就是他们所说的纯声音 (sonification)——作为一种交互通道 (interaction channel) 是可行的。要使声音有意义,挑战在于要将它们设计为在音高 (pitch)、强度 (intensity) 和节奏 (tempo) 方面容易区分。

30.4.4 触觉和触摸问题

触觉和触摸 (haptics and touch) 问题在 UX 设计的讨论中已有很长的时间。和听觉交互一样,它们的使用越来越频繁。此类设计的一个有趣例子是可触摸的虚拟对象,比如可触摸全息图 (Kugler, 2015)。在这种触觉交互方法中,是用超声波聚焦一个人手可以感觉到的形状。

触觉和触摸问题 (关于的是触感) 与视觉和听觉问题有些平行和相似，具体如下。

- ▣ 显著性：触觉信号是否足以让用户感觉到？
- ▣ 可辨识性：用户能否分辨出给定的触觉信号是什么？
- ▣ 可区分性：两个可能相似的触觉信号是否有足够的差异让用户能够区分？
- ▣ 一致性：触感和触觉表征在意义上是否一致？
- ▣ 强烈度：和其他感官一样，设计的触感和触觉刺激不能过于强烈。

显著、可辨识性和可区分性因素通常要以某种形式的振动，而非仅仅以触压的形式来提供辅助 (Thompson & Vandenbroucke, 2015)。在汽车用户界面领域，使用触觉振动的设计正在蓬勃发展 (Kern & Pfleging, 2013)。触觉反馈与驾驶汽车所需的用户身体动作非常匹配。 方向盘、制动踏板或驾驶员座椅感受到的各种振动使用户无需将视线从驾驶任务上移开即可接收反馈。这些对于提醒驾驶员需要立即注意的情况特别有效，例如即将发生的事故或者偏离车道。

30.5　功能可供性

功能可供性的定义

功能可供性 (functional affordance) 是一种设计特性，它将物理用户行动与系统 (或后端) 功能连接起来，从而帮助用户完成工作。功能可供性是用户采取行动的原因；他们想要访问功能来做某事。功能可供性通过隐藏在用户界面背后的软件能力，将用户连接到用户体验的有用性组件 (usefulness component)。

以图 30.29 的"添加到购物车"按钮为例，与该按钮关联的功能可供性在位于后端的应用程序软件中，后者执行按钮标签所提示的功能，在本例中，就是将选中的商品放入一个虚拟的购物车。

33.5 节讨论了功能可供性如何与吉布森 (Gibson) 的生态视角相适应。

图 30.29
"添加到购物车"按钮被视为一种物理可供性，导致后端软件中的功能性可供性

30.6   情感可供性

30.6.1   情感可供性的定义

情感可供性 (emotional affordance) 是一种设计特性，它帮助用户建立情感联系，从而在用户体验中产生情感影响。情感可供性包括和我们对趣味、美学、我们的身份认同以及个人成长挑战的直觉 (intuitive appreciation) 联系起来的设计特征。

许多 UX 设计满足了所有功能需求，但不是很令人兴奋或有趣。他们为山九仞，却功亏一篑。这里的区别就在于情感影响，它已成为大多数 UX 设计中重要的用户体验组成部分。移动设备世界正在引领尝试利用情感可供性来吸引客户。这其中最引人注目的就是新型电子产品 (例如智能手机和个人音乐播放器)。还有一些人提出了可感知和理解用户情感的计算机和设备 (Thompson, 2010)。

情感影响也是汽车设计领域的核心概念。今天的汽车制造商在驾驶乐趣和使用电子娱乐系统的乐趣方面展开了激烈竞争。

示例：Hibu 图像中的情感影响

在一个网站设计服务的广告中，hibu(参见 hibu.com) 只展示了蝴蝶，说：“网站如此惊人，它们会给你蝴蝶 (图 30.30)。”

图 30.30
hibu 的广告承诺在用户体验中提供蝴蝶 (美丽的事物)

这是一家高科技网页设计公司的广告，其座右铭是"为商业而生"(Made for business)，蝴蝶是其唯一的形象。它传达的消息是关于设计、情感影响和美！他们的文字以"我们令人难以置信的美丽网站……"开头，这足以证明情感影响在其 UX 设计中的重要性。

30.6.2　用于支持意义性的可供性

意义性 (meaningfulness) 是一种现象，通过这种现象，产品或工件在用户的生活中变得有了意义。意义性来自情感影响，这种影响会发展成与产品的个人关系并随时间的推移而愈发持久。很难隔离出一个灌输意义性的单一设计特征；例如，这种长期的个人陪伴感在很大程度上可以追溯到概念设计和产品的日常有用性 (daily usefulness)。

> **意义性**
> **meaningfulness**
> 人和产品之间长期发展和持续的个人关系，这种关系已成为用户生活方式的一部分 (1.4.5节)。

30.7　在设计中结合使用可供性

需要结合使用可供性的用户工作目标 (图 30.31)。
- 用户必须理解交互对象 (通过认知可供性)。
- 用户必须能操作交互对象 (通过物理可供性)。
- 用户必须能感知交互对象 (通过感官可供性)。
- 用户必须能访问他们需要的功能 (通过功能可供性)。
- 在这个过程中,如果能产生良好的情感体验更佳(通过情感可供性)。

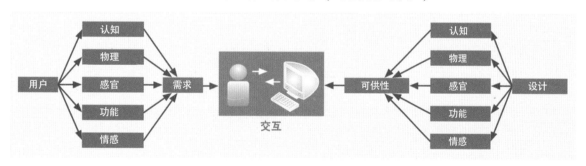

图 30.31
用户交互需求直接与设计中的可供性相关

30.7.1　可供性角色——设计联盟

在大多数 UX 设计中，5 种类型的可供性要协同工作，通过在 UX 设计中感知、理解和使用可供性来帮助用户实现工作目标。每种可供性在同一工件的特定属性设计中扮演不同的角色，包括外观、内容和操作特征的设计。

交互工件
interaction artifact

可以和人进行双向交流的一个系统、设备、服务、工具、机制、物体或环境。因此，工件可能包括建筑或房间、椅子、厨房、自动取款机、电梯、冰箱等电器、汽车和其他车辆、大多数种类的招牌、住宅、DMV(车辆管理局)的工作流程以及投票机(1.1节)。

UX 设计方法需要集成不同的可供性，所以，我们在交互工件的设计中将所有 5 种可供性角色综合在一起考虑。

- 此交互对象或工件所提供的功能是否有助于通过任务的执行(功能可供性，或物理可供性的目的)实现用户目标？
- 如工件是一条反馈消息，设计是否包括关于如何使用工件(认知可供性)或关于系统结果的清晰、可理解的提示？
- 用户能否轻松感知有关工件操作的视觉(或其他)线索(用于支持认知可供性的感官可供性)？
- 工件是否易于被目标用户类别中的所有用户操作(物理可供性)？
- 用户能否轻松感知到用于操作的工件(用于支持物理可供性的感官可供性)？

考虑一个可供性角色但忽略另一个，可能导致一个有缺陷的设计。例如，假定精心设计了反馈消息的措辞，非常清晰、完整和有用(良好的认知可供性)，但用户根本没有注意到这个消息，因为它显示在用户注意力的焦点之外(糟糕的感官可供性)，或者因为字体太小而无法阅读，那么整个设计就是无效的。Mac 提供了强大的拖放机制，能为打开文件提供良好的物理和功能可供性(通过将文件拖到 Dock 上的应用程序图标)，但缺乏足够的认知可供性来展示其工作方式，所以大多数用户都不会用它。

30.7.2   UX 设计的可供性核对清单

图 30.32 的一组可供性可作为 UX 设计的核对清单使用，设计的每一部分都根据它进行检查。

✔ 功能可供性

✔ 认知可供性

✔ 物理可供性

✔ 感官可供性

✔ 情感可供性

图 30.32
UX 设计可供性核对清单

示例：排序功能的可供性

下面通过一个非常简单的例子体会如何使用这个核对清单。假定要设计一个按钮来调用某种排序功能。

功能可供性的考虑

清单上的第一项是功能可供性。设计人员应确认预期的功能，即功能可供性，是否适合、有用并且对用户可用。如果不是，其他任何可供性做得再好也没用。假设功能可供性做得好，就可以从清单中勾掉这一项。

认知可供性的考虑

清单的下一项是对认知可供性的考虑。在本例中，调用排序功能的标签或菜单选项是否清楚表达了其含义？标签是否通过确保其含义(就其底层功能的面向任务的视图而言)清晰、明确和完整来说明该按钮的用途，使用户明白在什么时候适合点击该按钮？

以后在 32.6.3.9 节会讲到，长标签不一定不好。简短的标签也许很好，但有时确实需要更多的字才能传达完整的含义。最好同时使用动词和名词——表示动作和对象。

所以，我们可以将按钮标签从 Sort 扩展为 Sort Records(排序记录)，而不仅仅写一个 Sort。有的时候，即使添加形容词也有助于更充分地传达含义；在本例中，可以写成 Sort Address Records(排序地址记录)。或者添加一个副词短语描述这个排序功能：Sort By Last Name(按姓氏排序)。

现在，我们可以从列表中勾掉认知可供性。

物理可供性的考虑

设计师接着要考虑如何在按钮设计中支持物理可供性。排序按钮设计是否提供足够的物理可供性以方便点击？按钮是否足够大，使用户能轻松点击它？图 30.33 左侧的按钮足够大，所以在点击期间轻微的、意外的光标移动不会将其从按钮上移开。但右边的按钮可能太小了。

图 30.33
不同按钮具有不同的物理可供性

按钮是否位于相同和相关任务所用的其他工件附近，从而最大限度地减少任务操作之间的鼠标移动？按钮是否离其他不相关的 UI 对象足够远，以避免错误地点到它们？图 30.33 左侧的按钮与其他按钮隔离，能防范点到错误的按钮。而右侧的按钮离你不想点击的按钮太近了。

此时还应考虑身体残疾的问题。或许你从来没有想到过，但即使是一些看起来没有身体残疾的人也可能存在点击问题。

现在，我们可以从清单将物理可供性勾掉。

感官可供性的考虑

现在，设计师需要考虑感官可供性，以支持按钮设计中的认知可供性和物理可供性。

为支持物理可供性，按钮的颜色、大小和形状必须使其引人注目，而且如果可能，它在屏幕布局中要足够接近用户注意力的焦点。

为支持认知可供性，按钮标签必须具有有效的字体大小和颜色对比度，帮助用户识别标签文本。

图 30.34
具有不同感官可供性的
Sort By 按钮

图 30.34 左侧的 Sort By 按钮非常不错。中间那个的标签对比度差，使人难以看清。右边那个的字体很小。空间这么大，用小字体没必要。

现在，可以将感官可供性从清单上勾掉。

情感可供性的考虑

最后，设计师要考虑问这个设计中的情感可供性。好吧，不得不承认，很难对排序按钮或排序功能产生感情。但或许可以通过展示排序工作方式的动画让它变得更有趣。新手用户可能对此感兴趣。或者，或许可以找到一些有趣的使用声音的方法。挑战自我，发挥创意！

无论如何，都要让我们把它从清单上勾掉。

练习 30.3：可供性设计核对清单

前面展示了如何根据可供性核对清单考虑一个排序按钮的设计，在这个练习中，需要解释在设计指示"用户错误"的反馈消息时如何运用该清单。

30.8 用户创建的可供性给设计师敲响了警钟

用户创建的可供性 (通常是认知可供性或物理可供性) 由需要该可供性以获得更好用户体验的用户添加到原始设计中 (例如自己贴一个标签)。

如果日常生活中的一件物品不适合用户，他们经常对其进行改造，不知不觉中短暂切换到设计师的角色。用户为物品添加认知或物理可供性的例子有很多，例如在显示器或键盘上贴的便利贴，或者在原本的把手上又绑了一个自己觉得更好的手柄。这些在日常使用过程中由用户创建的工件是一个警钟，提醒设计师用户认为他们在设计中遗漏了什么。

人们平时走路时踩踏出来的路径就是一种由用户自己创建的工件。人行道设计师通常喜欢使人行道图案规则、对称和方方正正。但是，人们从一个地方到另一个地方的最有效路径通常不会那么整洁，而是更直接。所以，草地上的磨损显示的正是人们需要或想要步行的路径。所以，或许应该在那里设计人行道。稀有而富有创意的人行道设计师会耐心等待人们自己踩踏出一条路径，利用由用户自己生成的工件作为驱动设计的线索。

示例：令人迷惑的玻璃门

图 30.35 的便利店玻璃门是用户自己增加认知可供性的例子。玻璃和不锈钢设计优雅：完美对称的布局和几乎不引人注意的铰链促成了整洁的美学外观 (良好的情感可供性)，但同样这些属性对涉及其操作的认知可供性造成了不利影响。

店主注意到，很多人不确定应该推或拉不锈钢管的哪一侧来开门，往往会先尝试错误的一侧。为帮助他的顾客完成本来应该很容易的任务，他在玻璃上贴了一个亮黄色的硬纸板箭头，指出操作门的正确位置。

图 30.35
这个玻璃门带有用户添加的、指示正确操作的认知可供性 (箭头)

示例：复印机深浅度图标

作为用户创建的可供性的另一个例子，来看看如图 30.36 所示的图标。它们在家庭办公复印机上进行深浅度设置，含义非常不明确。用于浅色复印件的图标要白一些，但白色也可被解释为复印件的一部分，而且看起来比深色复印的图标还要浓密一些。所以，用户不得不自己添加标签来澄清，如图所示。

图 30.36
用户创建的认知可供性解释了复印机的深浅度设置

这些由沮丧的用户添加的通常不雅但有效的工件为设计人员留下了应该为所有用户考虑的可供性改进的记录。或许，如果 Norman(1990) 讨论的那些日常事物的设计师进行了实地的可用性测试，就会在产品上市之前发现这些问题。

在软件世界中，大多数应用程序只提供了非常有限的功能让用户设置其偏好。如果软件用户能像加一点胶带、便利贴或额外的油漆一样，在各处轻松修改 UX 设计，对软件用户来说不是更好吗？

示例：汽车杯架

图 30.37 展示了一位车主如何创造了一个工件来取代不足的物理可供性，一个对今天的超大号饮料来说有点小的内置杯架。一次旅行中，用户用鞋子即兴创作，从而产生了这个由用户安装的工件的有趣例子。

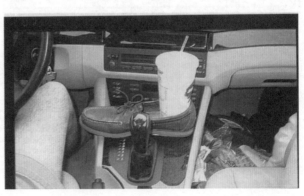

图 30.37
一个用户制作的汽车杯架

示例：信头打印

考虑一下仅偶尔打印信头信纸的桌面打印机。在现有的一叠普通纸顶部插入一张信纸很容易。唯一的问题是不好确定信纸的正确方向，原因如下。

- 没有关于纸张如何在打印机内部机制中移动的清晰心智模型。
- 不同打印机在这方面有不同的方案。

打印机本身的设计不提供装入单张信头纸的认知可供性。

因此，用户自己贴了一个白色不干胶标签，如图 30.38 所示。就像 Norman (1990, p. 9) 说的那样：“当简单的事物需要图片、标签或指示时，表明设计失败了。”

更多有趣的例子将在第 32 章讲 UX 设计准则的时候介绍。但首先，让我们用一章的篇幅来讲一讲交互周期。

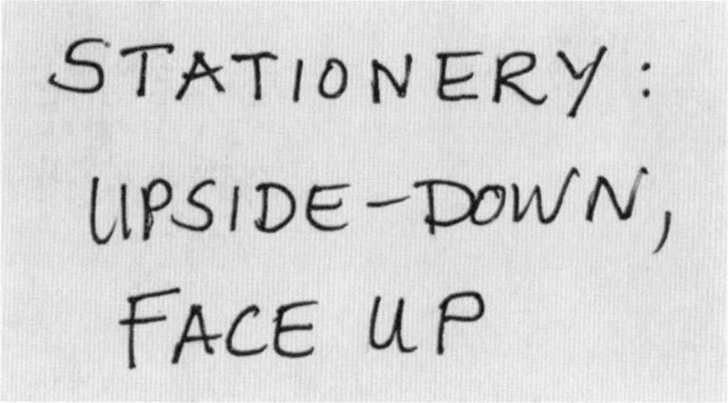

图 30.38
用户创建的认知可供性，帮助用户知道如何插入空白的信头信纸

第 31 章

交互周期

本章重点

- 导言：
  - 交互周期
  - 对基于理论的概念框架的需求
- 交互周期：
  - Norman 的交互行动阶段模型
  - 用户和系统之间的鸿沟
  - 从 Norman 的模型到我们的交互周期
  - 交互周期内的协作式用户 - 系统任务执行

31.1 导言

31.1.1 什么是交互周期

交互周期 (interaction cycle) 是我们对 Norman(1986) 的"行动阶段"(stages-of-action) 模型的改编，该模型描述了通常发生在人类用户和几乎任何类型机器之间的交互中的用户动作序列。

31.1.2 对基于理论的概念框架的需求

正如 Gray and Salzman(1998, p. 241) 指出的那样，"对于天真的观察者来说，HCI 领域似乎明显会有一组通用类别来讨论其最基本的概念之一：可用性。但我们没有。相反，我们有的是一个大杂烩，包括 DIY 类别和各种经验法则。"

Gray and Salzman(1998) 继续说道："如果开发一个通用的分类方案，最好是有理论基础的，我们就能比较不同类型的软件和界面的各类可用性问题。"我们相信，我们的交互周期有助于满足这一需求。它为 UX 从业人员提供了一种在设计如何支持用户行为和意图的结构中构建设计问题和 UX 问题数据框架的方法。

31.2   诺曼的交互行动阶段模型

如图 31.1 所示，诺曼的行动阶段模型 (stages-of-action model) 显示了用户在与几乎任何类型的机器交互时哪些典型用户动作序列的常规视图。

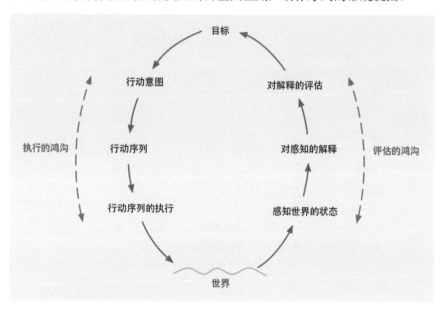

图 31.1
Norman(1990) 的行动阶段
模型，经许可改编

行动的阶段自然分为三大类用户活动。在执行侧 (图 31.1 的左侧)，用户通常从图的顶部开始，建立目标，将目标分解为任务和意图，并将意图映射到行动序列规范。用户通过执行物理行动 (图 31.1 的左下角) 来操纵系统控件，会导致图底部的世界 (系统) 的内部系统状态发生变化 (结果)。

在评估侧 (图 31.1 的右侧)，用户通过感应系统的反馈 ("世界" 或系统的状态变化) 来感知、解释和评估与目标和意图有关的结果。交互的成功是通过将结果与最初的目标进行比较来评估的。如行动使用户更接近目标，则交互成功。

诺曼的模型以及被称为认知演练 (cognitive walkthrough) 的分析性评估方法结构 (Lewis, Polson, Wharton, & Rieman, 1990)，对我们的交互周期有着至关重要的影响。两者都提出了这样的问题：用户是否能确定用系统做什么来实现工作领域的一个目标，如何通过用户的行动来做，用户完成所需的物理行动有多容易，以及 (在认知演练方法中程度较低) 用户如何确定这些行动在成功地推动任务完成。

31.2.1 用户和系统之间的鸿沟

最初由 Hutchins，Hollan and Norman(1986) 构思，Norman(1986) 进一步描述了执行和评估的鸿沟。这两个鸿沟代表了对用户来说交互最困难的地方，也是设计师需要特别注意帮助用户的地方。

1. 执行的鸿沟

在图 31.1 行动阶段模型左侧的执行的鸿沟 (gulf of execution) 中，用户需要帮助来知道对什么对象采取什么行动。执行的鸿沟是一种语言的鸿沟——从用户到系统需经过翻译。用户是用工作领域的语言思考目标。为了对系统采取行动以追求这些目标，用工作领域语言描述的意图必须翻译成物理行动和物理系统的语言。

作为一个简单的例子，考虑用户用字处理软件写信。这封信是一个工作领域的元素，而字处理软件是系统的一部分。工作领域的目标是"创建信件的一个永久记录"，它转化为系统领域的意图是"保存文件"，后者转化为"点击 SAVE 图标"的行动。在这两个领域之间，需要有一个映射或翻译才能弥合这个鸿沟。

让我们重温一下 15.2.1 节关于锅炉恒温器的例子。假设一个用户坐在家里的时候感到很冷。用户就制定了一个简单的目标，用工作领域 (在这里是日常生活领域) 的语言表达就是"要感觉更温暖"。为了达到这个目标，必须在物理系统领域发生一些事情。例如，锅炉的点火功能和送风装置必须被激活。为了在物理领域实现这一结果，用户必须将工作领域的目标转化为物理 (系统) 领域的行动序列，即将恒温器调到所需的温度。

一方面，用户知道自己期望达到什么效果；一方面，要知道对系统做什么以使其发生。这两者之间存在的就是执行的鸿沟。在本例中，用户在认知上存在断层，因为要控制的物理系统变量 (燃烧燃料和通风) 并不是用户所关心的变量 (温暖)。执行的鸿沟可从任何一个方向进行弥合——从用户和 / 或从系统。从用户方面弥合，意味着要教给用户系统中必须发生什么才能实现工作领域的目标。从系统方面衔接，意味着要隐藏对翻译的需求，将问题保留在工作领域的语言中，在设计中集成帮助 (认知可供性)，从而为用户提供支持。恒温器在这两方面都做了一点：它的运作依赖于恒温器如何工作的共识，同时也指示了一种直观地设置温度的方法。

为避免培训所有用户，交互设计师可通过有效的概念设计来帮助用户形成正确的心智模型，从而承担起从系统方面弥补执行鸿沟的责任。如果交互设计没有很好地弥合执行的鸿沟，用户在采取行动前会犹豫不决或者表现为任务受阻，因为用户不知道要采取什么行动，或者不能预测一个行动的后果。

2. 评估的鸿沟

在图 31.1 行动阶段模型右侧的评估的鸿沟 (gulf of evaluation) 中，用户需要帮助来知道自己的行动是否会获得预期的结果。评估的鸿沟是同一种语言鸿沟，只是从另一方向。用户评估其行动结果的能力取决于交互设计能否很好地让他们理解系统的反馈，从而支持他们对系统中的一项变化的理解。

系统状态是系统内部变量的一个函数，创建系统反馈显示的交互设计师的工作是将系统状态的描述翻译为用户工作领域的语言，从而弥合这一鸿沟。这样用户才能将结果与目标和意图进行比较，从而评估交互是否成功。

交互设计若未能弥合评估的鸿沟，将体现在观察到用户行动后犹豫不决或任务受阻，因为用户不理解反馈，不完全明白行动的结果是什么。

31.2.2　从诺曼的模型到我们的交互周期

我们改编了图 31.1 的诺曼行动模型理论，扩展为我们所谓的交互周期 (interaction cycle)，它也是在人类用户和机器之间典型的交互序列中发生的用户行动模型。

1. 划分模型

由于诺曼在"执行"这一侧早期的部分是关于目标和意图的计划，所以我们将之称为周期的"计划"部分 (图 31.2)。计划包括制定目标和任务层次，以及具体意图的分解和确定。

规划之后是制定具体的行动 (在系统上) 来执行每个意图，这种认知行动我们称之为翻译，因为目标和计划就是在这里转化为行动意图的。

计划之后是制定具体的行动 (在系统上) 来执行每个意图，这种认知行动我们称之为转换 (translation，可理解成翻译)，因为目标和计划就是在这里转换为行动意图的。

诺曼的"行动序列的执行"部分直接映射到我们的交互周期的物理行动 (physical actions) 部分。由于诺曼的评估一侧是用户根据系统反馈来评估每个物理动作的结果，所以我们称之为"评估" (assessment) 部分。

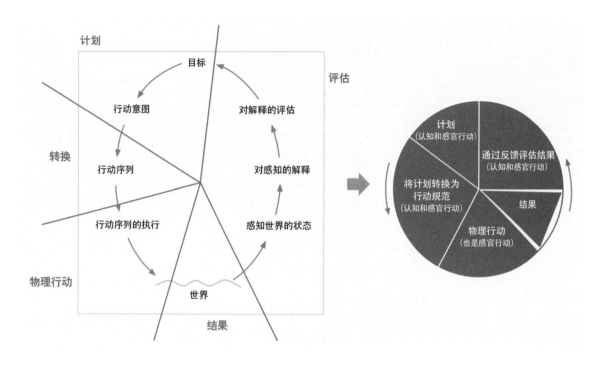

图 31.2
从诺曼的模型过渡为我们
的交互周期

2. 增加了结果和系统响应并强调转换

　　最后，我们增加了结果 (outcomes) 和一个系统响应的概念，从而形成
了如图 31.2 所示的到交互周期的映射。"结果"被表示为交互周期物理行
动和评估之间的一个"浮动"扇区。这是因为交互周期关于的是用户交互，
而在"结果"中发生的事情完全是系统内部的事情，不属于用户看到或做
的事情。系统响应 (其中包括所有系统反馈，发生在评估部分的开始并作为
其输入) 用于告诉用户结果。

　　最后，"转换"之于交互周期的重要性以及它在设计中之于高质量用
户体验的意义是如此之大，以至于我们在交互周期中用较大的"扇区"来
直观地体现这种重要性。

31.3　交互周期中的 UX 设计问题类别

　　这里只是概述了每个交互周期类别下的 UX 设计问题的种类。这些类
别和子类别被用来组织下一章的 UX 设计准则。作为这种层次结构的一个
例子，下面来看看以下对一些"转换"主题的细分：

　　转换

　　　　为转换提供支持的认知可供性的呈现

认知可供性的可读性、可见性、显著性
  字体、颜色、布局
  字体颜色，与背景的颜色对比

31.3.1　计划（帮助用户知道要做什么的设计）

作为交互周期的一部分，"计划"包含用户使用系统来达到工作领域目标时，用于确定"要做什么"或者"我可以做什么"的所有认知行动。

交互设计对用户计划的支持涉及到如何帮助用户从工作背景、工作领域、环境要求和约束的角度来理解整个计算机应用，以便大致确定如何使用系统来解决问题和完成工作。对计划的支持与系统模型、概念设计和隐喻、用户对系统特性和能力（用户能用系统做什么）的认识以及用户对可能的系统模态 (system modalitiy) 的认识有关。计划关于的是用户熟悉系统以完成工作的策略。

31.3.2　转换（帮助用户知道如何做某事的设计）

"转换"是任务准备的最低层次。转换包括任何决定了用户如何或应该对某一对象采取行动的事情，包括考虑采取哪种行动或在什么对象上采取这种行动，或者在一项任务中接下来采取什么行动最好。

作为交互周期的一部分，"转换"包含了用户用于决定如何实现计划所拟定的意图的所有认知行动，具体描述成针对界面对象的物理行动，例如在使用计算机实现一个意图时，可能要转换成"点击并拖动文档文件图标"。

这里有一个关于驾驶汽车的简单例子。在开车去旅行的一个计划中，涉及到的问题有："要去哪里""走什么路线"以及"是否需要先停下来加油和／或买些杂货"？所以，计划关于的是工作领域（这里就是旅行），而非关于如何操作汽车。

相反，转换是将用户带入系统、机器或物理世界领域，涉及的是制定行动来操作油门踏板、刹车和方向盘，以执行任务来帮助你达到计划或旅行目标。由于诸如"打开大灯开关""按喇叭按钮"和"踩下刹车踏板"等步骤是对物件采取的行动，所以它们属于一种转换。

发生在现实世界的大多数交互中，"转换"可以说是周期中唯一最重要的部分，因为它关系到具体如何做事情。根据我们自己多年的经验，在 UX 评估中观察到的大部分 UX 问题中，我们估计有 75% 或更多都属于这个类别。

31.3.3　物理行动（帮助用户采取行动的设计）

在用户决定采取哪些行动后，交互周期的"物理行动"部分就是用户采取行动的地方。这部分包括作用于设备和用户界面对象以操纵系统的所有用户输入，包括打字、点击、拖动、触摸、手势和导航行动。交互周期的"物理行动"部分不包括认知行动；所以，这部分不包括对行动的思考或对要采取的行动的决定。

物理行动——概念

物理行动对于专家用户表现的分析尤为重要，专家用户某种程度上具有与任务相关的"自动"计划和转换，物理行动已成为其任务表现 (task performance) 的限制因素。

物理可供性设计因素包括输入 / 输出设备的设计（例如触摸屏设计或键盘布局）、触摸设备、交互方式和技术、直接操作问题、示意身体动作、身体疲劳以及诸如灵活性、手眼协调、布局、使用双手和双脚进行交互以及身体残疾等物理人因问题。

物理可供性
physical affordance

一种设计特性，它帮助、辅助、支持、促进或实现对某个事物执行物理操作：点击、触摸、指向、手势和移动 (30.3 节)。

31.3.4　结果（系统内部隐形的效果 / 结果）

物理性的用户行动被系统视为输入，通常会触发某种系统功能，导致系统状态的变化。我们将这种系统状态的变化称为交互的"结果"。交互周期的"结果"部分代表系统要做的事情，通常涉及由非 UI 的软件执行的计算，或有时称为核心 (core) 或后端 (back-end) 功能。一个可能的"结果"是未能实现预期或期望的状态变化，比如在发生用户错误(user error)的时候。

用户的行动并不总是需要产生一个系统响应。系统也能自主生成一个结果，这可能是对内部事件（如磁盘空间满）、系统侦测到的环境事件（如过程控制警报）或共享工作环境中其他用户的物理行动的响应。

生成"结果"的系统功能纯粹是系统的内部功能，不涉及用户。所以，"结果"在技术上不是用户交互周期的一部分，唯一与"结果"联系在一起的 UX 问题可能是涉及非 UI 系统功能的有用性或功能可供性的那些。

由于内部系统状态的变化对用户来说不直接可见，所以"结果"必须通过系统反馈或结果的显示来揭示给用户，由用户在交互周期的"评估"部分进行评估。

有用性
usefulness

用户体验的一个组成部分，基于实用性(utility)。有用性强调系统的功能，它为你赋予了使用系统或产品实现工作（或游戏）目标的能力(1.4.3 节)。

31.3.5　评估（帮助用户知道交互是否成功的设计）

交互周期的"评估"部分与诺曼的交互评估一侧（图 31.1）相对应。在评估中，用户采取必要的感官和认知行动，以感知和理解系统的反馈和结果显示，理解先前的物理行动 (或其他触发系统变化的原因) 所造成的内部系统变化或结果。

用户在评估中的目标是确定之前所有的计划、转换和物理行动的结果是不是自己想要的；换言之，对用户而言是否可取或有效。特别是，如果一个结果能帮助用户接近或实现当前的意图、任务和 / 或目标，那么这个结果就是有利的；换言之，如果计划和行动"生效"。

"评估"与"转换"部分的内容大多相似，只是前者侧重于系统反馈。"评估"强调的是反馈的存在、呈现方式及其内容或意义。评估关于的是用户是否知道错误在什么时候发生，以及用户能否感知到反馈信息并理解其内容。

示例：创建商业报表作为交互周期中的一个任务

假定要为管理层制作一份关于公司财务状况的季度报表。该任务可分为以下基本步骤。

- 计算上一季度的月度利润。
- 撰写摘要，包括图表，以显示公司业绩。
- 创建目录。
- 打印报表。

在这种任务分解中，常见的情况是一些步骤比其他步骤更细或更粗。换言之，一些步骤会比其他步骤分解成更多的子步骤和更多的细节。例如，步骤 1 可分解为以下子步骤。

- 打开电子表格程序。
- 给会计部门打电话，要求提供每个月的数字。
- 在电子表格中为每个产品类别的支出和收入创建列标题。
- 计算利润。

其中第一步 (打开电子表格程序) 可对应交互周期的一次循环。第二步是一个非系统任务，它暂时中断了工作流程。第三个和第四个步骤可能需要交互周期的多次循环。

"打印报表"任务步骤的第一个意图是"起始意图"；用户意图调用打印功能，将任务从工作领域带到计算机领域。在这个特定的例子中，用户在这一点上没有做进一步的计划，期待着对这个意图采取行动的反馈能导致下一个自然的意图。

为了将这第一个意图转化为用计算机界面中的行动和对象语言所描述的行动规范，用户利用经验知识和 / 或"文件"菜单中的"打印"选项所提供的认知可供性来创建选择"打印"命令的行动规范。一个更有经验的用户可能会下意识或自动地将这个意图转化为按"Ctrl-P"或点击"打印"图标的快捷操作。

然后，用户采取相应的物理行动来执行这一行动规范，即实际选择"打印"菜单选项。系统接受该菜单选项，在内部改变状态 (行动的结果)，显示一个打印对话框作为反馈。用户看到这个反馈，并利用它来评估到目前为止的结果。由于对话框在交互的这一刻对用户来说是有意义的，所以结果被认为有利；换言之，它导致了用户意图的实现，表明迄今为止的计划和行动都是成功的。

> **认知可供性**
> cognitive affordance
>
> *一种设计特性，它帮助用户采取认知行动：思考、决定、学习、理解、记忆和认识事物 (30.2节)。*

31.4　交互周期内的协作式用户 – 系统任务执行

31.4.1　主要任务

主要任务 (primary task) 是指有直接工作相关目标的任务。前面创建商业报表的任务就是一个主要任务，打印这个小任务也是如此。主要任务可由用户发起，也可由环境、系统或其他用户发起。主级任务通常代表在交互周期中遍历的简单、线性的路径。

用户发起的任务。用户 - 系统轮流从顶部开始，围绕交互周期逆时针旋转的典型线性路径代表的就是用户发起的任务，因其从用户计划和转换开始。

环境、系统或其他用户发起的任务。若一个用户任务由发生在该用户交互周期之外的事件发起，用户的行动就变成了应激反应。用户的交互周期始于"结果"部分；之后，用户在一个反馈输出显示中感知到后续的系统响应；再之后，用户对其做出反应。

31.4.2　交互周期中路径的变化

除了最简单的任务，大多数交互都可能采取其他的、可能是非线性的路径。虽然用户发起的任务通常以某种计划开始，Norman(1986) 强调，交互不一定遵循简单的行动周期。有的活动不按顺序出现，或者被省略或重复。

此外，用户的交互过程可在几乎任何级别的任务 / 行动粒度上围绕"交互周期"流动。

多用户任务。当两个或多个用户的交互周期在合作工作环境中交错进行时，一个用户通过物理行动输入 (图 31.3)，另一个用户评估 (感知、解释和评价) 系统响应。在这种情况下，从共享工作空间的角度，看到的是由于第一个用户的行动而产生的系统结果。对于发起交互的用户，这个周期从计划开始，但对于其他用户，交互是从感知到系统响应开始的。而且在轮到第二个用户计划下一轮交互之前，还要对所发生的事情进行评估。

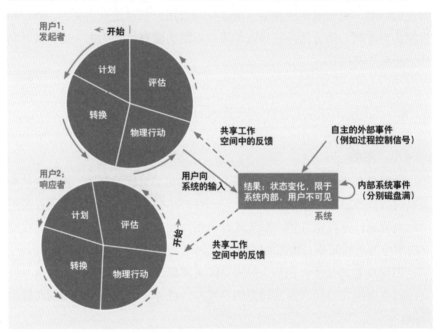

图 31.3
多个交互周期内发生的用户交互、系统事件和异步的外部事件

31.4.3　次要任务、意图转移和堆叠

次要任务和意图转移 (secondary tasks and intention shifts)。 Kaur, Maiden, and Sutcliffe(1999) 意识到需要使用次要任务来中断工作导向的主要任务，以适应意图转移、探索、信息寻求和错误处理。所以，他们以诺曼的行动阶段为基础，提出了一种主要用于虚拟环境应用的检查方法。Kaur et al.(1999) 为这些情况创建了不同和独立的交互周期，但从我们的角度来看，这些情况只是在同一交互周期中的不同流动方式。

次要任务是"开销"(overhead) 任务，因为目标与工作领域没有太大直接关系，通常倾向于将计算机作为工件来处理，例如错误恢复或了解界面。次要任务通常源于任务执行过程中计划的变化或意图的转变；此时发生的事情会提醒用户需要完成的其他事情，或由于错误恢复的需要而引起的其他事情。

例如，若用户由于看不到适合一个行动的对象，所以无法将意图转换为相应的行动规范，就可能会响应特定的信息需求而产生探索需求。然后，他们必须搜索这样的对象或认知可供性，例如按钮上的标签，或与所需行动匹配的菜单选项。

堆叠和恢复任务上下文 (stacking and restoring task context)。在程序执行期间，堆叠和恢复工作上下文是一个既定的软件概念。由于自发的意图转变，人类在执行任务期间也必须这样做。支持主要和次要任务所需的交互周期只是基本交互周期的变体。然而，在此类任务之间进行转换时，存储和恢复任务上下文会给用户带来记忆上的负担，这可能需要在交互设计中予以明确支持。

进行评估时，次要任务通常也需要用户做出大量判断。例如，一旦用户觉得够了，或者感到疲倦而放弃，探索任务就可被认为"成功"。

因意图转移而发生堆叠的例子。让我们使用之前创建商业报表例子来说明由于自发的意图转移而导致的堆叠。假定用户已完成任务的"打印报表"步骤并准备继续。但在检查了打印的报表后，用户不喜欢结果并决定重新格式化报表。用户必须花一些时间来了解关于如何更好地格式化的信息。在用户执行信息搜索任务期间，打印任务暂时堆叠 (stacked)。

这种计划的改变会导致任务流程和正常任务计划的中断。用户在关注造成中断的任务期间，需要在心智上"堆叠"当前的目标、任务和 / 或意图 (把它们暂时存起来，以便稍后恢复。也称为入栈)，如图 31.4 所示。主要任务在周期中被暂停期间，用户通过计划次要任务来开始一个新的交互周期。最终，用户陆续解除每个目标和任务的堆叠，回到主任务上。

下一章将基于交互周期的基本阶段来组织 UX 设计准则。

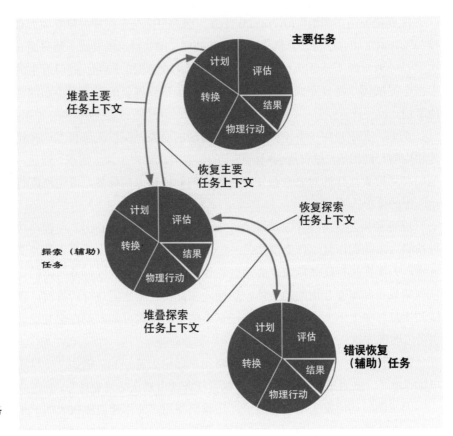

图 31.4
堆叠并回到交互周期任务
上下文实例

第 32 章

UX 设计准则

凡人皆有错，设计来宽恕。

——无名氏

本章重点

- 人类的记忆限制
- 交互周期内针对用户行动的 UX 设计准则和示例：
  - 计划 (planning)
  - 转换 (translation)
  - 物理行动 (physical actions)
  - 结果 (outcome)
  - 评估 (assessment)
  - 总体 (overall)

32.1 导言

若在上下文中正确解释，UX(或其他任何) 设计准则有助于基于实证研究的集体智慧和广泛的从业人员经验来引导设计。

32.1.1 范围和普遍性

目前有许多设计和设计准则。有许多关于图形用户界面 (GUI) 和其他用户界面及其小部件的设计准则的书籍和文章。他们教你如何创建和使用窗口、按钮、下拉菜单、弹出菜单、层叠菜单、图标、对话框、复选框、单选钮、选项菜单、窗体等。但我们希望你对 UX 设计和设计准则的思考比这更广泛，远远超出 GUI、网页、移动设备、特定平台、媒体和设备等具体的东西。

我们身处一个设计的世界，而且就像 Norman(1990) 说的那样，理解应用于日常事物设计的准则，有助于我们理解这些这些准则在人类与几乎任何种类的设备或系统的交互过程中的应用。

准则背后的设计原则不会随时间而变。虽然准则可能会随技术的变化而有一些变化，但设计原则 (design) 多年来没有变化 (Soon, 2013)。技术的变化只影响这些设计原则的应用方式。

设计准则具有普遍性。本章描述的原则和准则是通用的。通过本章可以理解，同样的问题也适用于自动取款机、电梯控制、吹风机甚至高速公路上的标志。在我们的准则和例子中，也有浓厚的《日常事物的设计》(Norman, 1990) 的味道。我们同意 Jokela(2004) 的观点，可用性和高质量的用户体验在日常消费产品中也是至关重要的。

不会什么都讲。希望你原谅我们排除了关于国际化或可访问性的指南（这在前言已经说过）。本书——尤其是本章——已经太多内容了，我们真的无法面面俱到。此外，由于准则和示例的集合如此庞大和多样化，我们不能保证完整性，甚至不能保证它们本身是一致的。

33.6 节详细描述了 UX 设计准则的来源。

32.1.2　有的例子是刻意的老旧

几十年来，我们一直在收集好的和坏的交互设计以及其他类型的设计的例子。这意味着其中一些例子非常老旧。一些系统已经不复存在了。当然，也有一些问题随着时间的推移已被解决了，但它们仍然是很好的例子，其古老的历史证明我们作为一个社区，是如何进步和改进我们的设计的。许多读者也许以为现代商业软件的界面生来如此，但请不妨继续看下去。

32.2　UX 设计准则的使用和解释

是否大多数 UX 设计准则都那么显而易见？当我们教授这些设计准则时，经常会在陈述了每一条准则时得到学员们的点头同意。若抛弃上下文，单独看我们陈述的大多数 UX 设计准则，明显不会出现什么争议；否则还能怎样？

然而，换到一个具体的可用性设计和评估环境，要应用这些相同的准则却并非总是那么容易。人们常常不确定在一个具体的设计情况下有哪些准则适用，或者如何应用、调整或解释它们 (Potosnak, 1988)。从业人员甚至对一些准则的含义都不认同。就像 Truss(2003) 就英语语法所说的那样，即使那些狂热拥护语法规则的人，也不可能让他们对这些规则及其解释达成一致，并拉到同一个方向。

Bastien and Scapin(1995, p. 106) 引用了 de Souza and Bevan(1990) 的研究，他们发现"设计人员会犯错，91% 的准则对他们来说都存在困难，而且将详细设计准则和他们现有的经验结合起来对他们来说太难了"。

本章不会讲这样的准则："菜单不应包含超过 X 个项目"。这是因为，如果不在一个具体的设计和使用环境中解释，像这样的准则是毫无意义的。对于 UX 设计中什么是对、什么是错的笼统陈述，我们只能想到我们的老朋友吉姆·福利 (Jim Foley) 所说的："任何 UX 设计问题的唯一正确答案是视情况而定。"

我们相信，大部分的困难来自于大多数设计准则广泛的通用性、模糊性甚至矛盾性。在几乎所有的清单中，最重要的准则之一是"保持一致"，这是一直以来最受欢迎的 UX 陈词滥调。但它是什么意思呢？在什么层次上保持一致？什么样的一致？是布局的一致还是语义描述的一致；比如是标签的一致，还是系统对工作流程的支持一致？

另一个过于笼统的格言是"保持简单"(keep it simple)。能随口说出这一格言，自然是进入 UX 设计准则名人堂的一个机会。但同样地，什么是简单？尽量减少用户可以做的事情？这要视用户的种类、他们工作领域的复杂性、他们的技能和专长而定。

为从高的层次解决这种模糊性和困难，我们以特殊的方式组织准则。我们不会使用明显的关键词 (如一致性、简单性和用户的语言) 来组织准则，而是尝试将每个准则与用户交互周期 (上一章) 的特定部分关联。这样就可以将特定的准则与用户行动联系起来以进行计划，从而了解要采取什么行动，再实际采取行动，最后评估反馈。

最后要提醒的是，要有自己的主见，不要盲目遵循准则。虽然设计准则和自定义样式指南在支持 UX 设计方面很有用，但请记住，有能力、细心、经验丰富的从业人员是无法替代的。

交互周期
interaction cycle

我们对 Norman(1986) 的"行动阶段"(stages-of-action) 模型的改编，该模型描述了通常发生在人类用户和几乎任何类型机器之间的交互中的用户动作序列 (31.1.1 节)。

样式指南
style guide

由设计师制作和维护的文档，用于捕获和描述视觉和其他一般设计决策的细节，特别是关于屏幕设计、字体选择、图标和颜色使用的细节，可在多个地方应用。样式指南有助于设计决策的一致性和重用 (17.8.1 节)。

32.3　人类的记忆限制

由于一些准则和用户的实际表现都取决于人类工作记忆 (working memory) 的概念，所以在讨论实际的准则之前，先在这里插播一个简短的讨论。之所以要讨论人类的记忆，基于以下两点。

■ 它涉及 "交互周期" 的大多数部分。

■ 这是心理学少数几个有可靠实证数据支持的领域之一，可以直接用于 UX 设计。

我们这里对人类记忆的讨论绝不是完整或权威的。请找一本好的心理学书籍来了解。我们只是提出了一些混合的概念，它们应有助于你在应用与人类记忆限制有关的设计准则时的理解。

32.3.1　短期或工作记忆

短期记忆 (short-term memory)，也就是我们通常所说的工作记忆 (working memory)，是我们在 UX 中主要关注的类型，其持续时间约为 30 秒[①]。稍加练习，就可以将这个时间延长到 2 分钟或更长。其他介入的活动，有时被称为主动干扰 (proactive interference)，将导致工作记忆的内容更快消退。

工作记忆是一种缓冲存储 (buffer storage)，承载着在执行任务时立即使用的信息。其中大多数信息都是"可丢弃数据" (throw-away data)，因其用处是短期的，有时甚至不希望保留更长时间。乔治·米勒 (George Miller) 在 1956 年发表的著名的论文中通过实验表明，在特定的情况下，人类短期记忆的典型容量约为 7 个 (加减 2)；往往更少。

1. 分块

短时记忆中的项目通常是 Simon(1974) 标记为"块"(chunk) 的编码。一个块是一个基本的人类记忆单位，其中包含一个数据，可作为单一的格式塔 (gestalt，或称完形) 来识别。以口语表达为例，一个块是一个词，而不是一个音素 (phoneme)；而在书面表达中，一个块是一个词，甚至是单一的句子，但通常不是一个字母。

由字母构成的随机字串可被分成几组，这样更容易被记住。如果这组字母可以读出来，就更容易记住，即使它没有任何意义。时间与容量不能兼得；在其他条件相同的情况下，涉及的块数越多，它们在短期记忆中能保留的时间越短。

示例：电话号码设计成易记

不算区号的话，美国的一个电话号码有七位数——这并非巧合，正好符合米勒 (Miller) 对工作记忆容量的估计。在电话簿中查找一个号码，会在

---

① 所有这些量化都是公认的近似值，可能因情况而异。

工作记忆中加载七块内容。如果在接下来的 30 秒左右使用这个号码，应该不太容易忘记。

电话号码是日常生活中运用工作记忆的一个典型例子。从加载到记忆开始，到实际使用之间，如因为某事分心，就可能不得不再次查找该号码，这种情况我们都经历过。如区号 (前三位) 已经很熟悉，它就会被当作一个单一的块，使任务更容易完成。

有的时候，记忆中的项目可被分组或重新编码为模式，以减少块的数量。涉及分组和重新编码时，可在存储和处理之间做出平衡，就像在计算机中那样。例如，假定要在工作记忆中保留以下模式：

001010110111000

表面上这是一串 15 位数，超出了大多数人的工作记忆能力。但聪明的用户会注意到这是一个二进制数，而且其中的数位可被划分为三位一组：

001 010 110 111 000

通过将其转换为八进制数 12670，我们在处理的适度性和记忆的要求之间取得了一个平衡。

2. 堆叠

用户工作记忆的局限性影响任务表现的一种方式是，由于在任务执行过程中出现了新的情况，需要对任务上下文进行堆叠 (在任务中途存储上下文信息，以便将来恢复，参见 31.4.3 节，也称为入栈)。在用户能够继续执行原来的任务之前，它的上下文 (用户在任务中的位置的记忆) 必须放到用户记忆中的一个 "栈" 中。

在软件程序的执行上下文中，若必须处理一个中断才能继续，也会发生同样的事情：程序的执行上下文被存储到一个后进先出 (LIFO) 的数据结构中 (称为 "栈")。之后，当系统回到原始程序时，其上下文从栈中 "弹出"，重拾上下文并继续执行。

对于一个主要任务被打断的人类用户来说，发生的事情几乎一样，只是栈是在人类工作记忆中实现的。这意味着用户任务栈的容量很小，持续时间很短；人的任务栈会不断泄漏。经过足够的时间和中断，他们会忘记自己之前在做什么。

3. 认知负荷

认知负荷 (cognitive load) 是指在任何时间点上工作记忆的负荷 (Cooper, 1998; Sweller, 1988, 1994)。认知负荷理论 (Sweller, 1988, 1994) 的主要目的

是通过关注工作记忆的作用和限制来改善教学；当然，它也可直接应用于 UX 设计。使用计算机工作时，用户经常面临着工作记忆超载的危险。用户很容易迷失在每一层都有很多选择的层叠式菜单中，或迷失在需要大量网页才能完成的任务中。

如果可以将任务执行期间的工作记忆负荷绘制为时间的函数，会看到各个任务步骤中认知负荷的变化。当用户从栈中"弹出"任务上下文时，记忆负荷达到零，他们会产生"终于搞定"的感觉。由于不必再在工作记忆中保留信息，他们由此便获得了认知上的解脱。

通过将任务组织成更小的操作，而不是直接弄一个大的层次结构，将随着时间的推移逐渐降低平均用户认知负荷，并更频繁地产生"终于搞定"的感觉。

4. 识别与记忆

由于我们知道计算机更擅长记忆而人类更擅长模式识别，所以在设计交互时要发挥彼此的长处。你会听到人们在许多时候说："记不清了，但一看到就能想起来。" 识别优于记忆的准则就是这么来的。从本质上讲，这意味着让用户从一系列可能性中进行选择，而不必完全凭记忆做出选择。

在学习和记忆是操作因素 (operational factors) 的初始或间歇性使用中，"识别优于记忆"确实更有效，但那些确实想学的人怎么办？他们从新手成长为有经验的用户。用交互周期来说，他们开始记住如何将频繁的意图转化为行动。他们不太关注通过认知行动来知道该做什么，而更多地关注做这件事的物理行动。帮助新用户进行这些"转换"的认知可供性现在可能开始变成执行物理行动的障碍。

移动光标并点击，以便从选项列表中选择一项，比仅仅只是输入简短的记忆命令更费力。有经验的用户会因为过去频繁使用某个命令，从而已经牢牢地把它记住。在这个时候，他们发现最高效的就是直接输入命令。那些一度有用的 GUI 可供性所需的感到行动逐渐变得效率低下，而且最终会变得非常无聊，让人感到不耐烦。

就连使用命令的用户也可通过命令完成机制（所谓的"哼几句"方法）来获得一些记忆帮助。也就是说，用户只需打出前几个字符，系统就能自动完成整个命令。

物理可供性
physical affordance

一种设计特性，它帮助、辅助、支持、促进或实现对某个事物执行物理操作：点击、触摸、指向、手势和移动 (30.3 节)。

5. 快捷键

当专家用户被一个为"转换"可供性而设计的 GUI 困住时，是时候让快捷键 (shortcuts) 来拯救他们了。在 GUI 中，这些快捷键是物理可供性，主要是菜单、图标和按钮命令的"热键"等价物，如 Ctrl-S 用于执行"保存"命令。

在下拉菜单的选项上添加快捷键提示；例如，在"文件"菜单的"保存"选项后添加一个"Ctrl+S"标注。这是一个简单但十分有效的设计特性，它提醒使用菜单的所有用户注意相应的快捷键。所有用户都可无缝地迁移到使用菜单的快捷方式，学习并记住这些命令。以后，就可绕过菜单，直接按这些快捷键来操作。这是在设计中针对记忆的限制而提供的真正"按需"支持。

32.3.2　其他类型的人类记忆

这些其他类型的人类记忆在 UX 中通常并不重要，但为了内容的完整性，我们在这里简单地介绍它们。

1. 感官记忆

感官记忆 (sensory memory) 的持续时间很短。例如，视觉记忆的持续时间从零点几秒到约 2 秒不等，它主要关于观察到的视觉 (和其他) 模式，而非关于识别所看到的内容或其含义。它是原始的感官数据，允许直接对刺激 (stimuli) 进行比较，例如在检测音调变化时就可能发生这种情况。感官暂留 (sensory persistence) 是将刺激储存到感觉器官而非大脑中的现象。

例如，视觉暂留使我们能整合电影或电视中多个图像帧的快速切换，使其看起来像一部本来就很平滑的电影。

2. 肌肉记忆

肌肉记忆有点像感官记忆，它主要储存在本地 (这种情况下是存储到肌肉中)，而不是存储到大脑中。肌肉记忆对重复的肢体动作很重要；它关于的是进入一种"节奏"。所以，肌肉记忆是运动员学习技能的一个重要方面。在 UX 中，它对诸如打字这样的肢体动作 (物理行动) 很重要。

示例：拨电灯开关的肌肉记忆

至少在美国，我们有一个武断的惯例，即把电器开关向上拨意味着"开"，向下拨意味着"关"。由于从小就习惯了，我们会因为这个惯例而形成肌肉记忆。进入房间，会毫不犹豫地向上拨开关。

但是，如果你新装修的房子使用了三向照明开关，那么"开"和"关"就不能被一致地分配给开关的任何一极。它具体要取决于整组开关的状态。如出于习惯向上拨动一个三向开关，有时灯就是不能打开，因为开关已经朝上，而且灯已经关了。无论怎样练习或努力记忆，都无法克服肌肉记忆和这种设计之间的冲突。

3. 长期记忆

存储在短期记忆中的信息可通过"学习"转移到长期记忆中，这可能涉及到排练和重复的艰苦工作。向长期记忆的转移在很大程度上依赖于大脑中现有信息的组织和结构。如果与已经在长期记忆中的东西存在关联，就更容易转移。

长期记忆的容量几乎无限，它包含人一生的经历。长期记忆的持续时间也几乎无限，只是检索的时候并不肯定靠谱。学习、遗忘和记忆都与长期记忆的变化无常交织在一起。有时，要记忆的项目可以有多种分类方式。或许一种类型的项目放到一个地方，而同一类型的另一个项目放到其他地方。随着新项目和新的项目类型的出现，分类系统会自动修正以适应。至于能否成功检索，取决于能否重建当时存储时使用的结构化编码。

一旦遗忘，项目就变得无法访问，但也许不等于丢失。有的时候，被遗忘或压抑的信息可以被唤回。脑电刺激可触发对以往事件的视觉和听觉记忆重建。

催眠可帮助回忆起多年前的生动经历。一些证据表明，催眠增加的是回忆的意愿，而非回忆的能力。

32.4 对交互周期结构的回顾

本节所选择的 UX 设计准则一般按交互周期 (上一章) 的结构进行组织。

为了回顾上一章的交互周期结构，我们在图 32.1 中展示了这个周期的最简单视图，包括以下特色部分。

- **计划 (planning)**：UX 设计在用户决定要做什么时如何提供支持？
- **转换 (translation)**：UX 设计在用户决定如何操作对象时如何提供支持？
- **物理行动 (physical actions)**：UX 设计在用户采取这些行动时如何提供支持？

■ 结果 (outcome)：系统的非交互功能如何才能帮助用户实现其工作
目标？

■ 对结果的评估 (assessment of outcome)：UX 设计在用户确定交互
结果是否正确时提供支持？

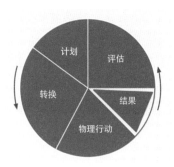

图 32.1
"交互周期"的最简视图

32.5 计划

UX 设计经常遗漏对用户计划 (图 32.2) 的支持。

当用户计划如何使用系统来完成应用领域的工作时，可根据计划准则
(planning guideline) 为用户提供支持，其中包括用于决定要做什么任务或采
取什么步骤的认知用户行动。如果因为系统没有帮助用户准确理解系统如
何帮助其完成任务，造成用户不知道如何组织工作领域中的几个相关的任
务，就表明设计在计划支持方面需要改进。

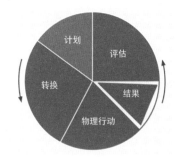

图 32.2
交互周期的"计划"部分

32.5.1 为用户提供清晰的系统任务模型

要支持用户从高层次全面了解系统的能力，包括系统模型、概念设计
和隐喻[①]。

提供用户应如何从任务的角度看待整个系统的清晰模型，帮助用户计
划目标和任务。

———————————
① 此后，加粗的文字都代表一条设计准则。

将设计与用户的任务分解和组织概念相匹配，以支持用户任务分解。

示例：组织起来

图 32.3 顶部展示了出现在某数字图书馆网站的每个页面上的标签。这些标签没有按任务很好地组织起来，信息搜索任务与其他类型的任务混在一起。在我们建议的新设计中，新标签栏的一部分显示在图 32.3 的底部。

帮助用户了解有哪些系统功能以及如何在其工作环境中使用这些功能。

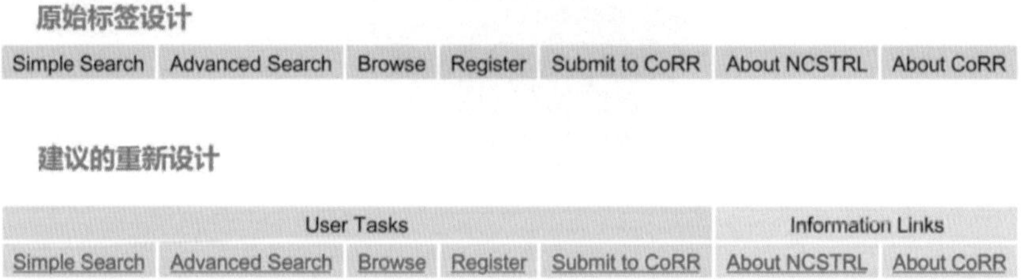

原始标签设计

| Simple Search | Advanced Search | Browse | Register | Submit to CoRR | About NCSTRL | About CoRR |

建议的重新设计

| User Tasks | | | | | Information Links | |
| Simple Search | Advanced Search | Browse | Register | Submit to CoRR | About NCSTRL | About CoRR |

图 32.3
标签进行了重新组织以匹配任务结构

支持用户留意特定系统功能，并了解自己如何使用这些功能来解决不同工作情况下的工作领域问题。支持用户获得对特定系统功能的认识的能力。

示例：掌握主控文档功能

以 Microsoft Word 的"主控文档"(master document) 功能为例。为方便起见，并保持文件大小易于管理，Microsoft Word 用户可将文档的每个部分保存在一个单独的文件中。最后，可将这些单独的文件组合起来，以实现用单个文档进行全局编辑和打印的效果。

但我们发现，这种将不同文件中的多个章节视为单个文档的能力几乎是不可能理解的。系统不会帮助用户确定可以用它做什么，或者它如何帮助完成这项任务。此外，只需走错一步，"它可能会在你最不方便的时候损坏你的整个文档。"[①]

帮助用户分解任务，从逻辑上将长而复杂的任务分解成更小、更简单的部分。

清楚说明用户在每个点上可以做什么的所有可能性。让用户了解系统的状态，方便其计划下一个任务。

当下一步行动取决于状态，保持一个清楚显示了系统状态的指示物。

保持任务上下文的可见性，以尽量减少记忆负荷。

为帮助用户将结果与目标进行比较，保持并清楚显示用户的请求和结果。

---

① 这是网上的一条评论。但同样的问题我们也遇到过。

示例：图书馆按作者搜索

在图书馆信息系统的搜索模式中，用户可能发现自己已经深入到任务的许多层级和屏幕中，到处都是令人眼花缭乱的卡片编录信息。过于深入信息结构，用户可能会忘记自己的初衷。在屏幕的某个地方显示一个任务背景的提醒会很有帮助，例如"你正在按作者搜索：史蒂芬·金 (Stephen King)"。

32.5.2　为有效的任务路径计划

帮助用户计划完成任务最有效的方式。

示例：有用的打印命令

这是一个关于好的设计而非设计问题的例子，它来自 Borland 的 3-D Home Architect 程序的一个旧版本。使用这个房屋设计程序时，若用户试图打印一个大的房屋平面图，会在一个对话框中出现这样的信息："当前打印机设置在这个比例下需要 9 页。切换到横向模式，可以用 6 页打印该图纸。如果你想中止打印，请点击'取消'"。

这个提示提供了很大的帮助，避免第一次打印后发现不正确、修改、再次打印而造成的时间和纸张的浪费。不过，要是吹毛求疵的话，这条消息还能设计得更好。首先，"中止"(abort) 一词略显生硬。另外，可设计一个按钮来直接切换到横向模式，而不必强迫用户去了解如何进行这种切换。

32.5.3　进度指示

显示任务进度来支持用户计划，帮助用户管理任务顺序，并跟踪任务的哪些部分已经完成，哪些部分尚未完成。

在存在多个 (而且可能重复) 步骤的长任务中，用户可能越来越搞不清楚他们在任务的什么位置。针对这些情况，任务进度指示可帮助用户了解当前任务的进展，以便合理进行计划。

示例：Turbo-Tax 让你步步为营

填写所得税表是一个冗长的多步骤任务的好例子。财捷 Intuit 公司的 Turbo-Tax 的设计者使用了一个"向导式"(wizard-like) 的步骤提示控件来帮助用户了解他们在整个任务中的位置，显示用户在各步骤中的进展，同时汇总用户在每个点上的工作的成效。

32.5.4　避免交易在最后一步失败

交易最怕在最后一步失败。在这种失败中，用户可能省略或忘记了最后一步操作，而这通常是完成任务的关键操作。

在关键任务的最后一步提供认知可供性，提醒用户完成交易。

示例：嘿，别忘了拿票

在 TKS 系统中，用户在交易要结束时会有一种松了一口气的感觉，可能票都不拿就走了。为此，需特别注意提供一种认知可供性，提醒用户任务计划中的最后一步，并帮助防止这种失误。醒目地提醒："请拿好您的票 (以及您的银行卡和收据)。"

示例：又一个被遗忘的电子邮件附件

作为另一个例子，几乎每个人都遇到过这样的情况：本来打算发送一封含有附件的电子邮件，但在点击"发送"时却忘记添加附件。新版本的 Google Gmail(和其他电子邮件软件) 提供了一个简单的解决方案。只要邮件正文中提到了"附加"或"附件"这个词的任何变化形式，但发送时并没有附件，系统就会询问发件人是否打算添加附件。图 32.4 中展示了这个设计。类似地，如果邮件中提到了"抄送"，但在"抄送"字段没有填地址，系统也会询问是否要添加一个抄送收件人。

图 32.4
提醒添加附件

示例：哦豁，你的交易未完成

在某个银行网站上，当用户从储蓄账户向支票账户转钱时，经常会遇到以为交易已经完成，但实际没有的情况。这是因为，第一屏下方的一个小的 Confirm 按钮经常会被遗漏，因为需要向下滚动才能看到。

然后，用户关闭窗口并开始支付账单，注意到他们可能已经透支。至少，他们应该收到一条弹出消息，在退出网站之前提醒点击 Confirm 按钮。

后来，当其中一个用户给银行打电话投诉时，他们礼貌地拒绝了他的主张，即银行应该支付透支费，银行要为其糟糕的可用性负责。不过，我们怀疑他们肯定还收到了其他类似的投诉，因为这个缺陷在下个版本中被修复了。

示例：微波炉急于帮忙

作为避免交易最后一步失败的例子，我们拿微波炉举例。由于解冻或烹调食物需要时间，用户经常在开动它后去做其他事情。然后，取决于他们的饥饿程度，可能忘记在完成后将食物取出来。

所以，微波炉设计师通常会添加一个提醒功能。工作结束后，微波炉通常会发出哔哔声以提示工作完成。但是，如果用户在发出提示音时已经离开了房间，或者有其他事情要做，他可能仍然注意不到食物在微波炉中等待。所以，大多数微波炉的设计会重复哔哔声，直到开门取出食物。

然而，一个特殊的微波炉设计却走得太远了。后续提示音的间隔时间太短。有时，用户正准备取出食物，它就又会发出提示音。一些用户觉得这非常令人恼火，他们会在 "提示 "声响起之前赶着取走食物。对他们来说，这台机器似乎是 "不耐烦 "和 "专横 "的，以至于是它在控制用户，不停地催促。

32.6　转换

转换准则是为了支持用户的感官和认知行动，以确定如何完成一个任务步骤，即要在哪些对象上采取什么行动，具体如何做。和评估一样，转换是交互周期中认知可供性发挥重要作用的地方之一。

许多原则和准则适用于"交互周期"的多个部分，因此也适用于本章的多个小节。例如，"措辞一致"是一条几乎适用于所有地方的准则。与其四处重复，不如把它们放在最相关的位置，希望我们的读者能认识到其更广泛的适用性。

转换问题如下所示。

- （认知可供性的）存在
- （认知可供性的）呈现
- （认知可供性的）内容和含义
- 任务结构

32.6.1   认知可供性的存在

图 32.5 强调了交互周期的"转换"部分中的"认知可供性的存在"部分。

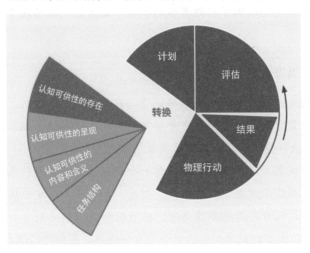

图 32.5
"转换"中认知可供性的
存在

"认知负担的存在"是指是否一开始就提供了所需的认知可供性。如果 UX 设计师没有提供所需的认知可供性，如标签和其他提示，用户将缺乏他们所需的支持，无法学习和知道要对什么对象采取什么行动来达成他们的任务意图。需要认知负担可供性来做到以下几点。

- 显示要操作哪个用户界面对象。
- 显示如何操作一个对象。
- 帮助用户开始一项任务。
- 指导在格式化字段中输入数据。
- 显示有效的默认值为选择和值提供建议。
- 显示系统状态、模式和参数。
- 提醒用户可能忘记的步骤。
- 避免不适当的选择。
- 支持错误恢复。
- 帮助回答来自系统的问题。
- 处理需要死记硬背的惯用语。

提供有效的认知可供性，帮助用户访问系统功能。

通过确保存在适当的认知可供性，支持用户确定如何做某事的认知需求。

可建立有效的认知可供性，在帮助新手用户的同时，不会对经验丰富的用户产生妨碍。

帮助用户知道如何在行动/对象层面上做某事，了解/学习需要采取哪些行动来实现意图。

用户从经验、训练和设计中的认知可供性获得他们的操作知识。我们的工作就是提供后一种用户知识的来源。

要有预见性：帮助用户通过认知可供性中的前馈信息预测行动的结果。

用户需要前馈的认知可供性，比如标签、数据字段格式和解释物理行动 (比如点击一个按钮) 效果的图标。不提供前馈线索，就是 Cooper(2004, p. 140) 所说的 "不知情同意" (uninformed consent)。在这种情况下，用户只能在不了解后果的情况下进行操作，最终可能掉入一个充满未知的 "兔子洞"。可预测性对学习和避免错误都有帮助。

帮助用户确定做什么来开始。

用户需要得到支持，以了解某项任务的第一步应采取什么行动，这就是所谓的 "开始" 步骤，这往往是任务中最困难的部分。

示例：有帮助的 PowerPoint

图 32.6 展示了 Microsoft PowerPoint 一个早期版本的启动屏幕。在用户可以做各种各样的事情的应用程序中，当面对空白屏幕时，很难知道如何开始。通过添加一个简单的认知可供性 "点击添加第一张幻灯片"，就可以为举棋不定的用户提供一种开始创建演示文稿的简单方法。

类似地，图 32.7 展示了其他有用的提示，在用户开始创建新幻灯片后继续提供帮助。

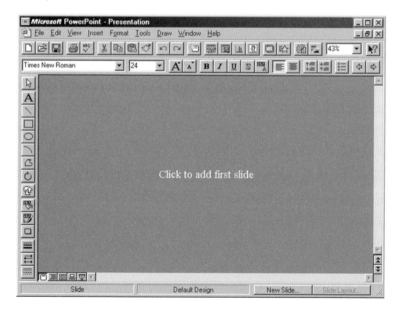

图 32.6
在 PowerPoint 中的帮助提示

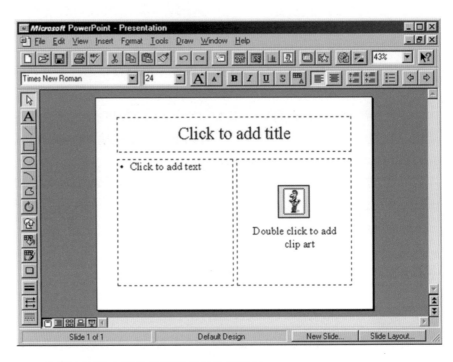

图 32.7
开始后继续提供帮助

为用户可能忘记的步骤提供认知可供性。

以提示 (prompt)、提醒 (reminder)、线索 (cue) 或警告 (warning) 的形式，为用户可能忘记采取的行动提供认知可供性。

32.6.2 认知可供性的呈现

图 32.8 强调了交互周期"转换"部分的"认知可供性的呈现"部分。

"认知可供性的呈现"关于的是如何将认知可供性呈现给用户，而不是它们如何传达含义。用户必须能感觉到 (例如看到或听到) 认知可供性。在此之后，认知可供性才会为他们提供帮助。所以，认知可供性的呈现主要是关于感官可供性。

通过有效的呈现或外观来支持用户的感官需求，以便他们看到或听到认知可供性。

此类别关于的是易读性 (legibility)、显著性 (noticeability)、呈现时机 (timing of presentation)、布局 (layout)、空间分组 (spatial grouping)、复杂性 (complexity)、一致性 (consistency) 和呈现媒体 (例如音频) 等问题，而且要择机提供。感官可供性问题 (sensory affordance) 还包括文本易读性和包含在图形特性 (例如图标) 外观中的内容，但仅仅和图标是否能轻松看到或辨识有关。 如果是音频媒体，呈现特征则是音量和音质。

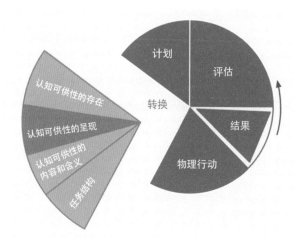

图 32.8
"转换"中认知可供性的
呈现

1. 认知可供性的可见性

显然，认知可供性如果在需要的时候无法被看到或听到，就不能成为有效的提示。在这一类别中，我们的第一个准则是通过如图 32.9 所示的标志来传达的，如果能明白它在讲什么就好了。

图 32.9
这可真是一个好建议 (BE
AWARE OF INVISIBILITY，你能
明白这是什么意思吗？不能。就
连英语是母语的人都不能)

要使认知可供性可见。

如果一个认知可供性不可见，可能是因为它没有 (尚未) 显示，或者是被另一个物体遮挡住了。如用户提前意识到认知可从性的存在，通常会采取一些行动将不可见的认知可供性进入视野。设计师的工作是确保在交互过程中，每个认知可供性在需要的时候都可见，或者很容易使其可见。

为此，请参考 30.4.2.1 节在杂货店买除臭剂的例子。

2. 认知可供性的显著性

要使认知可供性显著可见。

如一个需要的认知可供性存在且可见，下一个设计上的考虑是使其显著；换言之，很容易被注意或感知到。仅仅把认知可供性放到屏幕上还不够，尤其是在用户不一定知道它的存在，或者不一定在主动寻找它的时候。这些设计问题主要关于为"告知"提供支持。有关系的认知可供性应在用户没有主动寻求的时引起他们的注意。这方面的主要设计因素是位置，要将认知可供性放在用户关注的焦点内。它还涉及对比度、大小和布局的复杂性，及其能在多大程度上将认知可供性从背景和一堆其他的 UI 对象中分离出来。

示例：状态栏经常都不起作用

屏幕底部经常会设计一个消息行，我们称为状态栏，但它们是出了名的不引人注意。所有用户通常都有一个狭窄的关注焦点，通常是在光标所在位置的附近。在光标旁边弹出的消息比屏幕底部一行的提示更容易被注意到。

示例：到底从哪里登录？

出于某种原因，许多网站都设计了非常小且不显眼的登录框，往往和大多数用户甚至没有注意到的许多对象混杂在一起，放到页面的最上方。用户不得不浪费时间瞪大眼睛在整个页面上搜索登录入口。

3. 认知可供性的易读性

使文本清晰易读。

文本易读性 (text legibility) 是指文本的可辨识性，而不是指文本的可理解性。文本呈现问题涉及按钮标签的文本应该如何呈现以方便阅读或感知，其中包括文本的外观或感官特征，比如字体类型、字体大小、字体 / 背景颜色、加粗或斜体。但是，所有这些与文本中的文字内容或含义无关。无论使用什么字体或颜色，其含义都是一样的。

4. 管控呈现认知可供性时的复杂性

通过有效的布局、组织和分组来管控认知可供性呈现时的复杂性。

为了支持用户定位并注意到认知可供性，需注意管控 UI 对象的布局复杂性。杂乱无章的屏幕会掩盖所需的认知可供性，如图标、提示信息、状态指示、对话框组件或菜单等，使用户难以发现它们。

5. 认知可供性的呈现时机

在适当的时机出现或显示认知可供性，使用户注意到它们。展示认知可供性不要过早或过晚。呈现时要有足够的持久性；也就是说，避免"闪退"(flashing)。

在相关行动之前及时呈现认知可供性以帮助用户。

有的时候，正确掌握认知可供性的呈现时机，意味着要在任务中的确切时间点和需要认知可供性的确切条件下进行呈现。

参见第 30.4.2.7 节中关于及时毛巾分配器信息的例子。

30.4.2.7 节展示了纸巾分配器即时传达消息的一个例子。

示例：选择性粘贴

当用户希望将一些东西从一个 Word 文档粘贴到另一个文档时，可能会出现关于格式的问题。是保留原始格式 (如文本或段落样式)，还是采用在新文档中插入位置的格式？

用户如何控制这种选择呢？如果想对粘贴操作进行更多的控制，可从编辑菜单选择"选择性粘贴…"这个命令。

但"选择性粘贴"对话框中的选项没有提到控制格式的问题。相反，这些选择似乎是以系统为中心的，或者说过于技术化，例如什么"Microsoft Office Word 文档对象"或者"无格式的 Unicode 文本"，而没有解释其在文档中产生的效果。虽然这些选项对某些专业用户来说，可能精确描述了操作及其结果，但对大多数普通用户来说，它们显得过于晦涩。

新版本的 Word 会显示一个小的认知可供性，即一个带有弹出式标签"粘贴选项"的小剪贴板图标，但它出现在粘贴操作之后。许多用户没有注意到这个小东西，主要是因为当它出现的时候，他们已完成了粘贴操作，已在心智上转移到下一个任务。如果不喜欢当前产生的格式，那么手动改变它就成为他们的下一个任务。

即使用户注意到了这个小东西，他们也有可能把它与撤消操作或类似的东西混淆起来，因为 Word 在上下文中使用同样的对象进行撤销。然而，如果用户注意到这个图标，并花时间点击它，用户将得到一个有用的下拉菜单，如保持源格式、匹配目标格式、只保留文本以及设置默认粘贴的完整选择。

这正是用户需要的！但它出现得太晚了；看到这个菜单的机会是在它所应用的用户操作之后。如果这个事后菜单上的选项可以在"粘贴选项"菜单上提供，对用户来说就更完美了。

6. 认知可供性呈现的一致性

当认知可供性位于一个也是由物理行动来操作的用户界面对象中时，比如一个按钮中的标签，保持该对象在屏幕上的一致位置有助于用户快速找到它，并帮助他们利用肌肉记忆来快速点击。Hansen(1971) 在提到他的顶级原则之一"优化操作"时，使用了"显示惯性"(display inertia) 这一术语来描述这个思想，即尽量减少响应用户输入的显示变化，包括在每次显示一个给定的 UI 对象时，都将其显示在同一位置。

为类似的认知可供性赋予一致的呈现形式。

示例：跳来跳去的"归档"按钮

在某个旧版本的 Gmail 中，用户查看收件箱中的邮件列表时，归档按钮在邮件窗格顶部的最左边，周围是蓝色的边框，如图 32.10 所示。但点击一封邮件查看时，归档按钮成为左数第二个对象。它原先的位置变成一个"返回收箱件"链接，如图 32.11 所示。在这个位置使用链接而不是按钮，属于一种轻微的不一致，可能对用户没什么影响。但是，归档按钮位置的不一致，对用户产生了较大的影响。

选定的邮件可通过点击归档按钮从两种邮件视图中归档。此外，从收件箱列表视图中归档邮件时，用户有时会转到邮件阅读视图以进行确定。所以，做归档任务的用户可能会在图 32.10 的收件箱列表和图 32.11 的邮件阅读视图之间来回切换。

对于这种活动，归档按钮的位置永远都是不确定的。用户每次在点击归档按钮之前都要先寻找它，这造成了阻碍，影响了速度的发挥。尽管它在两个视图之间只移动了很短的距离，但足以使用户的操作速度大大降低，因为他们不能每次都把鼠标指针对准同一个地方来快速做多个存档动作。显示惯性的缺乏不利于找到按钮的有效感官行动，也不利于肌肉记忆做出移动鼠标来点击的物理行动。

似乎谷歌的人已在后续版本中解决了该问题，图 32.12 和图 32.13 证明了这一点。

图 32.10
Gmail 某个旧版本的"收件箱"视图中的"归档"(Archive) 按钮

图 32.11
邮件阅读视图中的"归档"按钮跑到了不同位置

图 32.12
Gmail 后续版本的"收件箱"视图中的"归档"按钮

图 32.13
在新的邮件阅读视图中，"归档"按钮位置没变

32.6.3　认知可供性的内容和含义

关于量子理论，到底哪一部分你不明白？

——无名氏

　　图 32.14 强调了交互周期中"转换"部分的"认知可供性的内容和含义"部分。

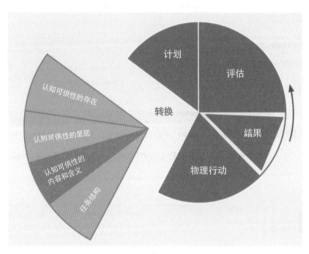

图 32.14
"转换"中的内容和含义

　　认知可供性的内容和含义是必须传达给用户的知识，以有效地帮助他们思考、学习并了解他们需要什么来采取正确的行动。支持内容和意义理解的认知可供性设计概念包括清晰性、与其他认知可供性的可区分性、一致性、布局、用于控制复杂性的分组、以使用为中心以及避免错误的技术。

　　通过认知可供性中有效的内容 / 含义帮助用户确定要采取的行动。

　　要让用户了解和理解认知可供性的内容和意义 (以语言或图形的方式)，支持他们决定在一个任务步骤中对什么对象采取什么行动。

1. 认知可供性的清晰性

　　设计认知可供性以澄清。

　　使用准确的措辞、精心选择的词汇或有意义的图形，对认知可供性的内容和意义进行正确、完整和充分的表达。

2. 准确措辞

　　通过准确的遣词造句来表达意思，支持用户对认知可供性内容的理解。

　　准确的措辞对于简短的、命令式的文本尤其重要，比如在按钮标签、菜单选项和语言提示中看到的那些。例如，关闭 (dismiss) 对话框的按钮标签可以说"返回到…"(Return to …)，而非只是说一个"确定"(OK)。

在标签、菜单标题、菜单选项、图标和数据字段中使用准确的措辞。

对按钮标签、菜单选项、消息和其他文本进行清晰准确的措辞，这个必要性似乎是显而易见的，至少理论上如此。但是，即使是有经验的设计师，也常常不花时间去仔细推敲他们的文字。

在我们自己的评估经历中，该准则在现实世界的实践中是被违反得最严重的。其他人也有类似经历，包括 Johnson(2000)。由于准确措辞在 UX 设计中具有压倒性的重要性，而且许多设计师在实践中对措辞的明显不重视，我们认为这是本书最重要的准则之一。

该领域的部分问题在于，措辞 (wording) 通常被认为是 UX 设计中相对不重要的部分，并被留给开发人员和软件人员去做，而他们大多没接受过准确措辞的训练 (语文不好)，甚至都没人告诉他们朝这方面想。

示例：Wet Paint ！

这是我们最喜欢的精确措辞的例子之一，当然也可能有点过火："Wet Paint。这是一个警告，不是一个指令。"(Wet Paint 是指"油漆未干"；但在英语中，看起来又有点像"把油漆弄湿")。

这条准则代表了 UX 设计的一个部分，在这里只需投入少量的额外时间和精力，就能获得巨大的改进。即使是花几分钟的时间为一个经常使用的按钮标签获得正确的措辞，也有巨大的潜在回报。下面是一些相关的、有帮助的子准则：

在标签中尽可能使用动词和名词，甚至形容词。避免含糊不清、模棱两可的用词。

尽可能贴合当前的交互情况；避免一刀切的消息。清楚地表达工作领域的概念。

示例：那么，门到底该怎么使用？

作为消息要和工作领域的实际情况相匹配的一个例子，诸如"始终保持此门关闭"(图 32.15) 这样的标志可能应该改成"请随手关门"这样的提示语。

图 32.15
很难照字面意思遵循这一
指令

在切换时，使用动态变化的标签。

若使用同一个控制对象，例如 MP3 音乐播放器的播放 / 暂停按钮，来控制系统状态的切换，需动态改变对象的标签，从而始终显示下一个操作会发生的结果。否则，当前的系统状态就会变得不明确，而且会对标签是代表用户当前可进行的操作还是代表当前系统状态的反馈产生混淆。

示例：重用按钮标签

图 32.16 展示了一个个人文件检索系统的早期原型。删除文档的底层模型包括两个步骤：标记文档以备删除，随后永久删除所有标记的文档。右下角的小复选框标记为 Marked for Deletion(已标记为删除)。

设计者的思路是，用户会勾选该复选框，表示要删除该记录。之后，在永久删除被标记的记录时，看到这个复选框中有一个勾号，就知道该记录确实被标记为删除。问题出现在用户勾选该框之前。

用户想要删除记录 (或至少标记为删除) 的时候，标签的文本似乎是对系统状态的一种陈述，而不是对一个行动的认知可供性，暗示它已被标记为删除。但是，由于复选框当前并没有被勾选，所以让人搞不清楚它真正的意思。我们的建议是，对于未勾选状态下的框，标签写成 Check to Mark for Deletion(勾选以标记为删除)，使其成为这一状态下行动的真正认知可供性。勾选后，改成原来的标签 Marked for Deletion(已标记为删除) 就没问题了。

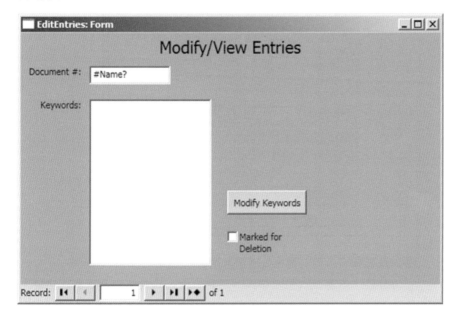

图 32.16
一 个 文 档 检 索 屏 幕 的
Marked for Deletion 复选框

数据值格式：提供认知可供性以表明数据字段内的格式。

要让用户知道如何输入数据 (例如在一个表格字段中)，通过认知可供性或提示来帮助用户理解可接受的格式和值的类型。

数据输入是一项用户工作活动，数据值的格式化是一个问题。以 "错误" 的格式 (即用户以为正确的格式，但系统设计者没有预料到) 输入，可能导致用户必须多花时间来解决错误；或者更糟，可能导致未被检测到的数据错误。对于设计师来说，很容易使用与字段标签相关的认知可供性、示例数据值或同时使用两者来指明预期的数据格式。

示例：我怎么输入日期？

图 32.17 展示了某应用程序的对话框。虽然标题是让人摸不着头脑的 "Task Series" (任务系列)，但它实际是用来为活动进行排程的。在 Duration(持续时间) 区域，"Effective" (有效) 字段并没有指出数据值的预期格式。虽然许多系统能接受几乎任何格式的日期值，但新的或偶尔用一下的用户可能并不知道这个程序有没有那么聪明。如果设计者在这里展示一个标准格式，就很容易使用户免于犹豫和不确定。

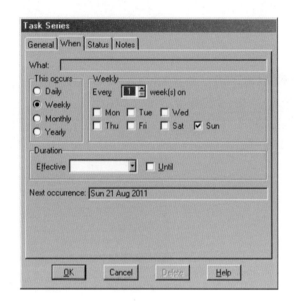

图 32.17
"Effective" 字段缺失关于数据格式的认知可供性

限制数据值的格式以避免数据输入错误。

有的时候，不要仅仅显示格式，还要对输入的数值进行限制以防输入错误。

例如，限制日期值的格式的一个简单方法是使用下拉列表，专门为日期字段的年、月、日部分保留合适的值。另一种许多用户喜欢的方法是"日期选择器"(date picker)，点击日期字段会弹出一个日历。日期只能通过从这个日历中选择来输入字段。

一次只显示一个月的日期最实用。下拉箭头允许用户导航到较早或较晚的月份或年份。在日历上点击某月的某个日期，该日期会被选为要使用的值。使用"日期选择器"，既限制了数据输入方法，也限制了用户必须采用的格式，有效避免了因为允许不适当的值或不正确的格式而导致的错误。

明确标记出口。

通过使用明确标记的出口，使用户能自信地退出对话序列。可考虑加入目的地信息，帮助用户预测离开当前对话序列后会去到哪里。例如在一个对话框中，可用"保存并返回 XYZ"来代替 OK(确定)；用"不保存并返回 XYZ"代替 Cancel(取消)。

但另一方面，我们必须说，"确定"和"取消"这两个词现已被广泛接受，而且是我们目前共同约定的一部分。虽然这个例子展示了有可能更好的措辞，但至少对有经验的用户来说，约定俗成的这两个词没有太大问题。

提供清晰的 do it 机制

某些要做出选择的对象 (比如下拉菜单或弹出菜单) 在用户表明自己的选择时就提交了该选择；其他一些则需要采取一个单独的 "提交该选择"(commit to this choice) 动作。这种不一致可能会使一些不确定自己的选择是否已 "被采纳" 的用户感到不安。Becker(2004) 认为，应一致地使用 Go 行动——例如点击——来提交选择，例如在一个对话框或下拉菜单中做出的那些选择。

选择了这个方案就一定要坚持，避免用户以为任务已经完成但实际没有。例如，如果选择在一个地方一旦选择菜单选项就马上执行，就不要在另一个地方还要按一个 Go 按钮来继续。

3. 认知可供性中选项的可区分性

要让选项在认知上可区分。

要通过认知可供性中可区分的含义表达，让用户能够区分两个或多个可能的选项。如果两个相似的认知可供性会导致不同的结果，就需要仔细地设计，使用户能区分这些情况以避免错误。

通常，可区分性 (distinguishability) 是通过排除法来纠正用户选择的关键；如提供足够的信息来排除不想要的情况，用户就容易做出正确的选择。要关注名称和标签措辞中的含义差异。为类似的图标使用一些差异化大的图形。

示例：悲惨的坠机事故

这是一个不幸但却真实的故事，它表明了这样一个现实：可能因为混淆了控制按钮上的标签而导致生命的失去。这是一个非常严重的可用性案例，涉及 1999 年 10 月 31 日，可能因为设计中不良的可用性，而造成了埃航 990 号班机的空难 (Acohido, 1999)。根据新闻报道，飞行员可能被两组外观相似的开关所迷惑，这些开关的标签非常相似，分别是 Cut out 和 Cut off。而在波音 767 的驾驶舱设计中，两者位置比较较近。

雪上加霜的是，两个开关都很少使用，只有在不寻常的飞行条件下才会使用。后一点很重要，因为这意味着飞行员在使用任何一个时都没有经验。由于知道飞行员会接受全面的培训，所以设计师假设自己的用户是专家。但是，由于这些特定的控制很少使用，大多数飞行员在使用它们时都是新手，这意味着需要比平时更有效的认知可供性。

一种猜测是，其中一名机组人员试图通过扳动连接到水平安定面 (stabilizer trim) 的 Cut out 开关将飞机从意外的俯冲中拉升，但意外扳动了 Cut off 开关，切断了两台发动机的燃油。黑匣子飞行记录仪确认飞机确实突然俯冲，而且飞行员确实在此后不久扳动了燃油系统切断开关。

这里似乎有两个关键的设计问题，第一个是标签的可区分性，尤其是在紧张和不经常使用的情况下。对我们这些不了解大型飞机驾驶知识的来说，这两个标签看起来非常相似，几乎是同义词 (两者均是"切断"的意思)。

让标签更完整，会使它们更可区分。特别是，在标签的动词后加一个名词就会有很大的不同：Cut out trim(切断安定面) 和 Cut off fuel(切断燃油)。将所有重要的名词放在前面可能更好区分：Fuel off(燃油切断) 和 Trim out(切断安定面)。仅仅是这个简单的 UX 改进就能避免灾难的发生。

第二个设计问题是这两个控制按钮在物理上明显过于很近。虽然知道它们的区别，但还是可能出现抓错的物理失误。而事实上，安定面的微调和燃油功能是完全不相关的。

按相关功能重新分组——将燃油关闭开关和其他与燃料有关的功能放到一起；将切断安定面的开关和其他与安定面有关的控制放到一起——就可以帮助飞行员区分它们，避免发生灾难性的错误。

最后，我们必须假设，安全 (在这种情况下是绝对避免错误) 是这个设计的首要 UX 目标。为迎合这一目标，可通过增加一个机械装置，要求飞行员有意识地操作这个很少使用但很危险的控制装置，来进一步保护燃油关闭开关不被意外操作。一种可能性是在开关上加一个盖子，在翻转开关之前必须将其掀开。例如，导弹发射开关的设计就采用了这种安全机制。你在各种好莱坞大片里都能看到。

4. 认知可供性的一致性

认知可供性要能够保持一致。

为菜单、按钮、图标、字段的标签使用一致的措辞。

一致性是每个人都认为自己理解的概念之一，但几乎没有人能准确定义它。在措辞上保持一致有两个方面：为相同事物使用相同的术语，和为不同事物使用不同的术语。

要为同类事物使用类似的名称。

不要为同一事物使用多个同义词。

示例：继续还是重试？

本例来自非常古老的软盘时代，但也适用于今天的外接硬盘。如图 32.18 所示，这个例子展示了在一个小小的消息框内，设计师如何用两个不同的词来表示同一个意思。

如发现当前磁盘已满，用户插入了一张新磁盘，并打算继续复制文件，应该点击什么：重试 (Retry) 还是取消 (Cancel)？但愿这个用户能通过排除法找出正确选择，因为取消几乎肯定会终止操作，但重试又有重新开始的意思。为何不用一个“继续”按钮来取代“重度”，准确表示“我要继续复制文件”这一目标呢？

Copy
The disk in the destination drive is full.
Insert a new disk to continue.
Retry
Cancel

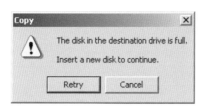

图 32.18
措辞不一致。继续还是重试

引用一个事物时，要使用与该事物的名称或标签相同的用语。

如果一个认知可供性提示对一个特定的对象执行操作，例如 Click on Add Record(点击“添加记录”)，那么对象的名称或标签必须一致，本例就是 Add Record(添加记录)。

示例：我要按啥？

图 32.19 是一个更清楚的例子，它的时代较新，而且是弗吉尼亚理工大学员工的一个网站。它展示了这种设计缺陷很容易被设计师忽略，而通过专业的 UX 检查 (UX inspection)，这种类型的缺陷又很容易被发现。

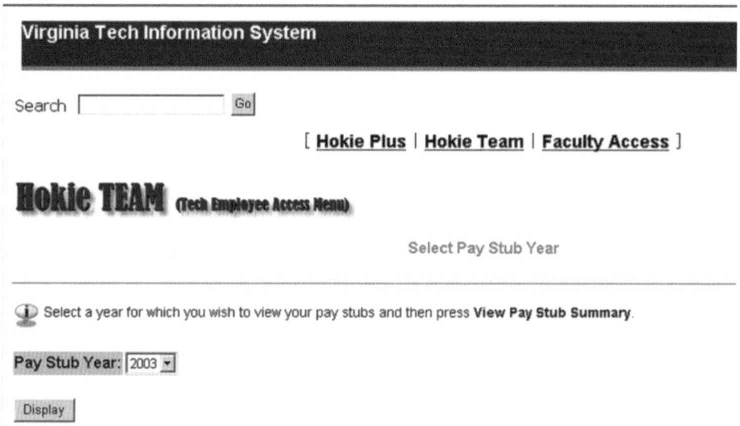

Virginia Tech Information System
Search
Go
[Hokie Plus | Hokie Team | Faculty Access]
Hokie TEAM (Tech Employee Access Menu)
Select Pay Stub Year
Select a year for which you wish to view your pay stubs and then press View Pay Stub Summary.
Pay Stub Year: 2003
Display

图 32.19
无法点击 View Pay Stub Summary(查看工资单摘要)

　　这也是措辞不一致的例子。工资单年份选择菜单上方的一行设计了一个"认知可供性"，告诉用户按一个称为"View Pay Stub Summary"（查看工资单摘要）的东西。但是，实际可以按的按钮上的标签是 Display。之所以会出现这么大的差异，可能是因为由不同的人负责设计的不同部分。无论如何，我们注意到在随后的一个版本中，有人发现并解决了这个问题，如图 32.20 所示。

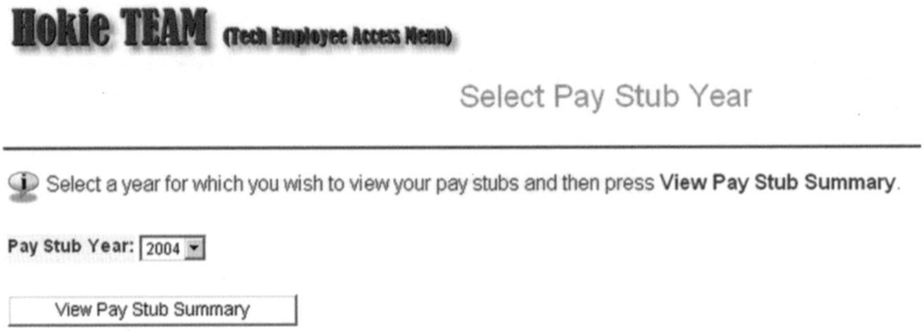

图 32.20
用新的按钮标签修复了问题

　　顺带一提，我们注意到上述两个屏幕截图都还存在一个 UX 问题，即横线上方的 Select Pay Stub Year(选择工资单年份) 的认知可供性和横线下方的 Select a year for which you wish to view your pay stubs(选择你想查看的工资单的年份) 重复了。我们建议保留第二个，因其信息量更大，而且与用于选择年份的下拉列表分成一组 (其实下拉列表本身可能就够了，无需进一步说明)。

　　第一个 Select Pay Stub Year 看起来像某种标题，但实际是一个孤儿。这种认知可供性和它所适用的 UI 对象之间相距甚远，再加上一条实线，使两个本应紧密联系在一起的设计元素产生了强烈的分离感。因为它是不必要的，而且与年份选择菜单分开，所以可能会导致困惑。

　　为不同事物使用不同术语，特别是区分很细微的时候。

　　这是"为相同事先使用相同术语"准则的另一面。如下例所示，像"添加"这样的术语可以指几个不同但密切相关的东西。如果 UX 设计师没有用更准确的术语来区分，就会导致用户的困惑。

示例：用户以为文件"已添加"(Added)

　　使用 Nero Express 刻录 CD 和 DVD 进行数据传输和备份时，用户放入一张空白光盘并选择 Create a Data Disc(创建数据光盘) 选项，会出现如图 32.21 所示的窗口。

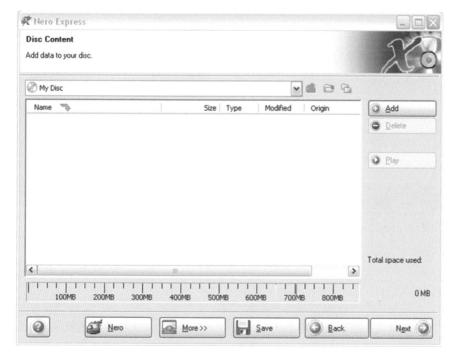

图 32.21
Nero 的第一个 Add 按钮

　　窗口中部是一个空白区域，看起来像是一个文件目录。大多数用户会发现，这是为他们想刻录到光盘上的文件和文件夹的列表准备的。顶部确实有提示 (Add data to your disc)，但只有当用户仔细地环顾时才能看到。在正常任务路径中，实际只有一个动作是有意义的，那就是点击右上方的 Add 按钮。

　　用户认为这是向该列表添加文件和文件夹。用户点击 Add 按钮后，会出现如图 32.22 所示的下一个窗口，它叠加在初始窗口上面。

　　该窗口中间也出现了一个目录空间，用于浏览文件和文件夹，并选择要将哪些内容添加到光盘的刻录列表中。将所选文件添加到光盘列表的方法是点击该窗口中的 Add 按钮。Add 在这里的意思是将所选文件添加到光盘列表。但在第一个窗口中，Add 一词真正的意思是开始选择要向光盘列表添加的文件。两者有关系，但略有不同。是的，区别很细微，但我们的工作就是要做到措辞准确。

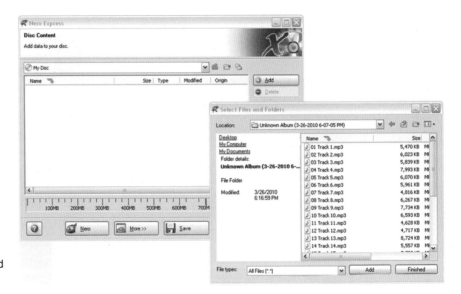

图 32.22
另一个窗口和另一个 Add
按钮

类似选择或参数的设置方式要一致。

如果某一组相关的参数都是用同一种方法 (如复选框或单选钮) 选择或设置的，那么与这组参数相关的所有参数都应以同样的方式选择或设置。

示例：Microsoft Word 的 "查找" 对话框

为了设置和清除 "查找" 功能的搜索参数，要通过左下方的复选框 (图 32.23) 和对话框底部的下拉菜单来完成。在这个菜单中，可以选择搜索字体、段落以及其他格式。我们观察到许多用户在清除格式设置时都遇到了困难，这是因为清除格式设置的 "命令" 和其他所有命令都不同。

它是通过点击底部右侧的 "不限定格式" 按钮来完成的，如图 32.23 所示。许多用户根本没注意到它。因为没有别的东西需要用按钮来设置或重置一个参数，所以他们不会想到去寻找一个按钮。

下面是一个相似的例子，它也展示了不一致的问题 (相关参数没有使用同样的选择方法)，和点餐相关。

图 32.23
用菜单指定要搜索的格式，
但用按钮指定"不限定格式"

示例：圈出选择

图 32.24 展示了 Au Bon Pain 餐厅的三明治点餐单。在 Create Your Own Sandwich(定制三明治) 下方写着 Please circle all selections(请圈出所有选择)，但马上就要求用两个复选框选择三明治的尺寸。这是一件小事，也许不会影响到用户的表现。但是，在 UX 人员的眼中，它在设计中的不一致就太碍眼了。

我们用下面的例子来总结这一节关于认知能力的一致性，我们在对一个基于网络的应用程序的评估中发现了很多术语一致性的问题。

我们用下例子为关于认知可供性一致性的这一节收尾。我们在对一个基于 Web 的应用程序的评估中发现了许多术语一致性的问题。

au bon pain

Name _____　　☐ **Here**　　☐ **To Go**

CREATE YOUR OWN SANDWICH

☐ **whole**　Please circle all selections　☐ **half**
(includes one meat, bread, spreads, and toppings)

MEAT select one; 1.75 each additional	Tuna	Smoked Ham	Roast Beef	Smoked Turkey	Grilled Chicken (not available as a ¹/₂ sandwich)
BREAD	Baguette Multi-Grain Baguette Sliced Country White	Sliced Multi-Grain Sliced Tomato Herb Lahvash	Croissant Soft Roll Bagel _____ (indicate choice of bagel)		
ADD-ONS .79 each	Swiss Cheddar	Fresh Mozzarella Bacon			
SPREADS	Mayo	Herb Mayo	Dijon Mustard	Honey Dijon	Chili Dijon
TOPPINGS	Tomato	Romaine Lettuce	Red Onion	Cucumber	

图 32.24
圈出所有选择，但选择尺寸的话，要打勾

示例：一致性问题

本例只考虑与措辞一致性有关的问题，这些问题来自于对一个用于课堂支持的学术性 Web 应用进行的基于实验室的 UX 评估。我们怀疑这种普遍的不一致是因为有不同的人在不同的地方做设计，而且没有一个项目级的自定义样式指南，或者没有专人来记录对工作术语的选择。

无论如何，若设计中包含对同一事物的不同术语，都会使用户感到困惑，尤其是那些在系统词汇面前不知所措的新用户。下面这些例子来自我们的 UX 问题描述，有关隐私的部分已进行了脱敏处理。

一些地方使用 Revise(修订)，另一些地方使用 Edit(编辑)。两者都表示对应用程序中的一个信息对象进行修改的操作。例如，在 My Workspace(我的工作区) 的 Worksite Setup(工作站点设置) 页面，用"修订"表示对所选对象进行操作的一个选项，而在特定站点的 Site Info(站点信息) 页面，又使用了"编辑"一词。

一些地方使用术语 worksite(工作站点)，另一些地方使用 site(站点)。两者均是同一个意思。例如，"我的工作区"菜单栏中的许多选项都使用"工作站点"，而 Membership(会员) 页面和 My Current Sites(我的当前站点) 页面都使用"站点"。

一些地方使用 New(添加)，一些地方使用 New(新建)。两者指的是同一个概念。在 Manage Groups(管理群组) 选项下，有一个用于添加群组的链接，称为"新建"。而在其他大多数地方，例如在日程表中添加一个事件时，创建一个新的信息对象的链接被标记为"添加"。

用列表显示信息的方式不一致，如下所示。

一些列表 (如 Worksite Setup 页面的列表) 将复选框放在左侧，但其他大多数列表 (如 Group List 页面的列表) 将复选框放在右侧。

要编辑某些列表，用户必须勾选一个列表项的复选框，然后在页面顶部并和列表分开的一个菜单栏 (里面都是链接) 中选择 Revise 选项。但在其他列表中，每一项都有自己的 Revise 链接。还有一些列表甚至提供了一系列链接，允许用户通过多种方式编辑列表项。

5. 控制认知可供性内容和含义的复杂性

要将复杂的指令分解为更为简单的指令。

如果认知可供性过于复杂，难以理解或遵循，就不能提供任何帮助。试着将长且复杂的指令分解为更小、更有意义、更容易消化的部分。

示例：到底在说什么？

图 32.25 的认知可供性包含一些指令，但即使是最细心的用户也会感到困惑，尤其是坐在轮椅上需要快速离开那里的人。

图 32.25
要想快速逃生？祝你好运

通过认知可供性的布局和分组来管控内容和含义的复杂性。

按认知可供性的功能，通过适当的布局和分组来管控内容和含义的复杂性。

通过布局和空间分组来显示任务和功能的关系，使用户能理解认知可供性所呈现的内容。

将与相关任务和功能关联的对象和设计元素分成一组。

与某一特定任务或功能相关的功能、UI 对象和控件应在空间上进行分组，通过图形化的划分来强调相关性，比如在组的周围加一个方框。用反映关系的共同功能的词来标记该组。对相关数据字段进行分组和标注对于数据输入尤其重要。

不要将那些和相关任务和功能没有关联的对象和设计元素分成一组。

该准则是上一个准则的反面，在现实世界的设计中，我们观察到它似乎被更频繁地违反。

示例：这些是选项

图 32.26 的选项对话框来自 Microsoft Word 的一个旧版本，它展示了一些控件和一些参数设置被不正确地分成一组。

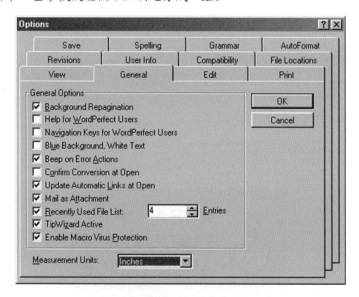

图 32.26
一个选项"卡"上的 OK
和 Cancel 按钮

这个设计的隐喻是一副带标签的索引卡。用户点击 General(常规) 标签，就把用户带到这张"常规"卡上，用户可在这里列出的选项进行修改。在设置选项的过程中，用户可能想跳转到另一个选项卡进行更多设置。但用户在这个时候开始犹豫不决了，因为担心在没有保存当前选项卡的设置时，跳转到另一个选项卡会导致这些设置的丢失。

所以，用户点击了 OK 按钮，本意是在继续之前保存这个选项卡的设置。但令人震惊的是，整个对话框都消失了，他／她被迫从屏幕上方的 Tools 菜单中选择 Options 重新开始。

这个意外和额外要进行的恢复工作，是错误使用布局和分组来界定 OK 按钮和 Cancel 按钮归属范围而付出的代价。设计师本来是希望这些按钮适用于整个 Options 对话框，但他们将按钮放在当前打开的选项卡上，使它们看似只适用于该选项卡；或者在这个例子中，只适用于 General 类别的那些选项。

图 32.27 展示了某个版本的 Microsoft PowerPoint 选项对话框的一个更好的设计，它将所有选项卡都放在一个更大的背景上，OK 和 Cancel 这两个按钮也在这个背景上，清楚地表明这些按钮和整个对话框分成一组，而非与某个选项卡分成一组。

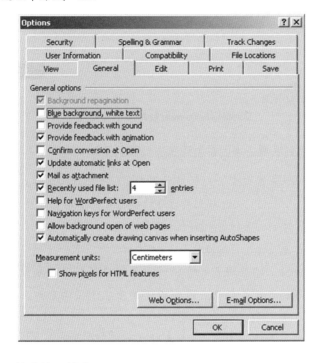

图 32.27
所有选项卡下方背景上的
OK 和 Cancel

示例：搜索按钮放在哪里呢

图 32.28 展示了与数字图书馆的搜索功能相关的一些参数的原始设计。Search(搜索) 按钮紧挨着底部 OR 单选钮的右侧。那么，它是不是与 Combine fields with 字段的功能关联？

不，它实际是要与整个搜索框相关联的，图 32.29 的 Suggested redesign(建议的重新设计) 展示了正确的版本。

Original design

Search specific bibliographic fields

Author	
Title	
Abstract	
	Combine fields with ⦿ AND ○ OR　**Search**

图 32.28
Search 按钮不能肯定是和
什么关联

Suggested redesign

Search specific bibliographic fields

Author	
Title	
Abstract	

Combine fields with ⦿ AND ○ OR

Search

图 32.29
通过更好的布局和分组解
决了问题

示例：我到底要去埃因霍温还是加泰罗尼亚？

　　下面是一个来自航空公司的非计算机 (似乎吧) 的例子。当乘客在米兰等待登上飞往 Eindhoven(埃因霍温) 的航班时，看到了如图 32.30 所示的指示牌。如图所示，飞往 Eindhoven 的航班紧跟在同一登机口飞往西班牙 Catalonia(加泰罗尼亚) 的航班后面。

　　飞往 Catalonia 的航班开始登机时，登机口开始混乱起来。许多人不确定当前哪个航班正在登机，因为指示牌上显示了两个航班。问题的主要源头是指示牌上航班公告的文字分组方式。如图 32.30 所示，状态信息 Embarco(意大利语 "出发") 更靠近 Eindhoven 的那一项，而不是靠近 Catalonia。所以，Embarco 现在似乎对应的是去往 Eindhoven 的航班。

图 32.30
米兰机场出发航班的示意图

当时是上午 9:30，Catalonia 航班的登机时间本来就很晚了，所以可能会被误认为是 Eindhoven 航班开始登机，这就更让人困惑。更不利于候机乘客的是，虽然有公共广播系统，但并没有语音通知登机。许多 Eindhoven 的乘客开始进入 Catalonia 的登机队伍。你可以看到他们把 Eindhoven 的乘客拒之门外，但仍然没有出任何公告来澄清这个问题。

过了一段时间，航班状态信息 Embarco 变成了 Chiuso(意大利语"关闭")，如图 32.231 所示。

图 32.31
坏了，登机口关闭了

许多剩下的 Eindhoven 乘客立即变得焦躁不安，他们看到 Chiuso，以为 Eindhoven 航班在他们有机会登机之前就已经关闭了。虽然最后一切都很顺利，但由于航班公告牌上的显示布局不佳，给乘客带来了不少压力，也给航空公司登机口服务人员带来了额外的工作。考虑到这种情况每天可能发生很多次，每天涉及很多人，这种糟糕的 UX 的成本一定很高，尽管航空公司的工作人员在他们的卡布奇诺休息时间里似乎并没有注意到。

示例：热洗，有人来吗？

在另一个简单的例子中，图 32.32 展示了我们曾在洗衣机上看到的一排控制按钮。

热洗 / 冷漂 (Hot wash/cold rinse)、温洗 / 冷漂 (Warm wash/cold rinse) 和冷洗 / 冷漂 (Cold wash/cold rinse) 这些选项代表的是类似的语义 (洗涤和漂洗温度设置)。所以，它们确实应归为一组。它们也确实是用类似的语法和词语表达的，所以标签的一致性算是达到了。但是，由于所有三个选项都包括冷洗，为什么不直接用一个单独的标签说出来，而是把它包含在所有选项中？

但真正的问题是标有 Start(开始) 的第四个按钮，它代表完全不同的功能，不应该与其他按钮分成一组。你认为设计者在按相关功能分组时为什么犯了一个如此明显的错误？我们认为，这可能是由于单一开关组件比两个单独的组件在采购和组装上的成本更低。在这里，成本战胜了可用性。

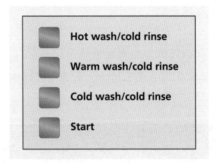

图 32.32
存在些许不一致的洗衣机
按钮

示例：空乘又来了

有一次坐飞机出行的时候，我们注意到一对双座乘客的头顶控制装置布局存在设计缺陷，该缺陷给空乘人员和乘客带来了问题。控制面板左右两侧有按钮开关，用于开关左右阅读灯。

问题是空乘呼叫开关正好在两个灯光控制之间。它看起来漂亮且对称，但由于过于靠近灯光控制装置，使其成为意外操作的常见目标。在本次航班上，我们看到空乘人员经常在机舱内穿梭，为众多乘客重置呼叫按钮。

在这个设计中，两个相关功能的开关被一个不相关的开关隔开；布局中的控制分组未按功能划分。要将两种开关进一步物理隔离的另一个原因是，灯光开关会被频繁使用，呼叫开关则不然。

6. 可能的用户选择和有用的默认值

有的时候，我们可预测用户最可能想要或需要的菜单和按钮选择、数据值选择以及任务路径选择。通过提供对这些选择的直接访问，以及在某些情况下将它们作为默认值，可以帮助用户提高任务效率。

要用可能和有用的默认值支持用户的选择。

许多用户任务需要在对话框和屏幕的数据字段中输入数据。数据输入往往是一项乏味而重复的工作，我们应尽一切可能提供最可能或最有用的数据值作为默认值，以减轻这项任务一些沉闷的劳动。

示例：今天几号？

许多表单在其中一个字段中要求提供当前日期。如果使用今天的日期作为该字段的默认值，应该是没有问题的。

示例：悲惨的默认值选择

这里有一个严重的例子，其中默认值的选择造成了可怕的后果。这个故事由我们在某军事设施的 UX 短期课程中的一位从业人员转述。不保证它的真实性，但即使它是天方夜谭，也很能说明问题。

一名负责导弹打击的前线观测员携带了一台 GPS 装置，可以在地图上计算出敌人设施的确切位置。GPS 装置也是一个无线电装置，可以通过它将敌人的位置发回给导弹发射阵地，后者将以致命的精度进行导弹打击。

他在发出信息前输入了敌人的坐标，但不幸的是，还没有开始发送，GPS 电池就没电了。由于时间紧迫，他迅速更换了电池并点击了发送。导弹发射了，击中并杀死了观测员而不是敌人。

旧电池被移除时，系统没有保留敌人的坐标，装上新电池后，系统将自己当前的 GPS 位置作为坐标的默认值。由于没有任何有用的替代方案，设计者决定使用一个容易获得的值，即观测员所在位置的 GPS 坐标，并以为用户随后会改变它。

在脱离其他重要考虑的情况下，这有点像把今天的日期作为日期的默认值；它是很方便。但在这种情况下，这种方便的结果是有人死于友军炮火。只要稍加思考，就知道没人会将观测员的坐标作为导弹瞄准的默认值。这样问题立即就得到了解决！

提供最可能或最有用的默认选择。

违反这一准则的最常见的情况是，当仅有一项可供选择时，却无法选择该项，如下例所示。

示例：仅有一个选项

本例是这一准则的特殊情况，即只有一项可供选择。在本例中，它是对话框列表中的一个项目。用户在这个对话框中打开只有一个项目的目录时，"选择"按钮是灰色的，因为用户需要在该按钮激活之前从列表中选一些东西。但是，由于只有一项，该用户认为这一项会被默认选中。

但当他点击灰色的"选择"按钮时，什么也没有发生。用户没有意识到，即使列表中只有一项，设计也要求在继续点击"选择"按钮之前选中它。如果没有选择任何项目，点击"选择"按钮既不会给出错误信息，也不会提示用户；它只是坐在那里，静静等待用户做"正确的事情"。这个麻烦本可通过在显示仅包含一个项目的列表时，直接将那一项选定并加亮来避免。这样就提供了一个有用的默认选择，而且使"选择"按钮从一开始就进入活动状态。

提供最有用的默认光标位置。

虽然在设计中是一件小事，但在到达一个必须操作的对话框或窗口时，如果光标正好在需要的位置，那可真是太好了。作为设计师，你可以通过提供适当的默认光标位置（例如在数据字段或文本框中，或者在用户最可能进行下一步工作的 UI 对象中），从而为用户省去额外的物理操作（例如在打字前额外点击鼠标），提高用户的效率并减少烦躁。

示例：为我设置光标

图 32.33 的对话框用于在日历系统中计划事件。设计师选择在"每周"(Weekly) 区域以周数的形式强调事件发生的频率。这对那些会在这个数据字段的"增量框"中输入数值的用户来说可能有点帮助，但用户同样可以使用增量框的上下箭头来设置。对于后面这种情况，突出显示默认值（并将焦点设在这里）并没有帮助。虽然确认这一点还需进一步评估，但将默认光标放在底部的生效日期 (Effective) 字段可能更有用。

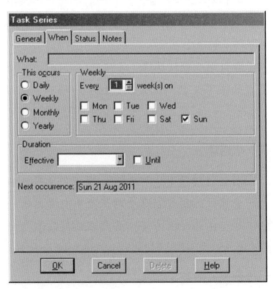

图 32.33
默认工作位置可以做得更好

7. 在认知可供性中考虑人类记忆限制

前面 (32.3 节) 阐述了 UX 设计中人类记忆限制的概念。本节要把这些知识运用到具体的 UX 设计场景中。

为用户保持任务背景的可见性或可听性，以此来减轻人类短期记忆的负荷。

要为用户设置提醒，告诉他们正在做什么及其在任务流程的什么位置。发布任务背景的重要部分，即用户在任务中必须跟踪的参数，这样用户就不必把它们记在心里。

识别优于记忆。

若选项、替代方案或可能的数据输入值已知，使用识别而非回忆意味着允许用户直接从现有选项中选一个，而不是只能凭借记忆来选择。从现有选项中选择，还能更准确地传达选项和数据值，避免因不同的措辞和打字错误而出问题。

这一准则最重要的应用之一是在打开文件等操作中对文件的命名。根据该准则，应允许用户从目录列表中选择想要的文件名，而不是要求用户必须记住并输入文件名。

示例：你想要什么？难道是零件编号？

例如，图 32-34 描述所需用户行动的认知可供性过于模糊和开放，无法从用户那里得到任何形式的具体输入。如果用户不知道确切的型号 (model number)，也不知道具体应该如何描述 (description of the product) 怎么办？在这种情况下，最好使用一组层次化菜单来缩小产品类别，再用下拉菜单提供一个列表来确定其中的具体型号。

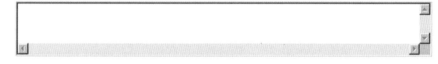

Enter the **model number and description of the product** you wish to purchase.

图 32.34
你想要什么，难道要我输入
零件编号？

示例："另存为"对话框要提供帮助

图 32.35 展示了 Microsoft Office 应用程序一个非常早期的"另存为"(Save As) 对话框。顶部是当前文件夹的名称，用户可用常规方式导航到其他任何文件夹。但它并不显示当前文件夹中的文件名。

这是一个古老的设计，现代版本会显示当前文件夹中现有文件的列表，如图 32.36 所示。

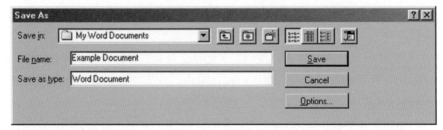

图 32.35
早期的 Save As(另存为)
对话框不显示当前文件夹
的内容

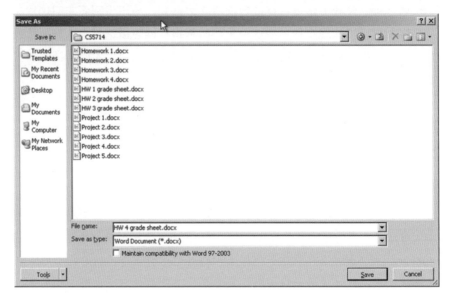

图 32.36
显示当前文件夹的内容解
决了问题

　　该列表通过显示文件夹中其他可能类似的文件名来支持记忆。如用户
要采用任何隐暗的文件命名约定，这个列表可以轻松地帮助到用户 (在图
32.36 中，看到现有的一系列 HW xxxx 文件，就知道自己该新输入什么)。

　　例如，如果该文件夹用于存放发送给 IRS 的信件，而且文件按日期命名，
例如"letter to IRS, 3-30-2018"，则该列表可有效提醒此命名约定。更方便
的是，如果用户要在这里保存发送给 IRS 的另一封日期为 4-2-2018 的信件，
可以直接单击 3-30-2018 的那封信，这样会在 File name: 文本框中显示该名
称，修改几下即可编辑出新的文件名。

　　避免要求重新输入或从一个地方复制到另一个地方。

　　在某些应用程序中，从一个子任务转移到另一个子任务要求用户记住
关键数据或其他相关信息，并将其带到第二个子任务。例如，用户可能在
任务期间选择了某一项，然后希望转到应用程序的不同部分，并将这一项
作为输入来执行另一个功能。我们遇到过需要自己记住项目，并在执行新
功能时重新输入的应用程序。

如果需要用户记住一些东西，然后在应用程序的其他地方使用，你就要产生警惕了；这意味着需要在设计中更好地支持人类记忆。例如，考虑需要重新安排约会的日历管理系统用户。如设计强制用户删除旧的并添加新的，用户就必须记住所有细节并重新输入。这样的设计就违反了此准则。

在音频 UX 设计中支持特殊人类记忆。

语音菜单 (例如电话菜单) 更难记住，因为没有一个屏幕显示为选项提供视觉线索。所以，必须以减少人类记忆负荷的方式组织和描述菜单选择。

例如，可以先给出最可能或最常用的选项，因为用户越深入列表，需要记住的先前选项就越多。随着每个新选项的口述，用户必须将其与之前的每个选项进行比较，以确定最合适的。如果想要的选项能提早出现，用户就会获得认知闭合，不需要记住其余选项。

8. 认知可供性中的认知直接性

认知直接性 (cognitive directness) 是指避免用户的心理转换。它对应于 Norman(1990, p.23) 所说的"自然映射"。在物理行动的世界中，一个很好的例子是控制台上一个上下移动的杠杆，但却被用于将东西转向左边或右边。每次使用时，用户必须重新思考这种联系："让我想想；向上拉意味着向左转。"

产品设计中认知直接性的一个典型例子，或者说是缺乏认知直接性的例子，就是电炉旋钮的排列。如旋钮的空间布局直接对应电炉配置的空间图，就很容易看出哪个旋钮控制哪个炉眼 (美国一般用电炉，而且不止双炉眼)。这似乎很容易，但多年来的许多设计都违反了这一简单的思路，用户常常不得不重新构建自己的认知映射。

要避免认知间接性。

通过在认知上直接表达选择和信息，而不是以某种需要用户进行心智转换的编码方式来支持用户对认知可供性内容的理解。这一准则的目的是帮助用户避免额外的转换步骤，减少认知上的努力和错误。

示例：旋转图形对象

用户要旋转二维图形对象只有两个方向：顺时针和逆时针。虽然"向左旋转"和"向右旋转"在技术上不正确，但可能比"顺时针旋转"和"逆时针旋转"更能被许多人理解。一个更好的解决方案是显示小图标，顶部用一个弧形箭头指向顺时针和逆时针方向。

示例：Dreamweaver 中的上和下

Macromedia Dreamweaver 可方便地创建简单网页。在很多方面都很容易使用，但我们在这里讨论的旧版本在设计上包含了一个有趣的、明确的认知间接性的例子。在图 32.37 的网站文件窗口右侧的窗格中，显示了用户 PC 上的本地文件。左侧窗格显示了基本相同的文件列表，这些文件存在于远程机器，即网站服务器上。用户与 Dreamweaver 交互，在其的计算机上编辑和测试网页，然后定期上传这些文件，使其成为网站的一部分。Dreamweaver 有一个方便的内置 FTP 功能来执行文件传输。要想上传，可点击本地站点标签上方的上箭头图标，下载则使用下箭头。

当用户在编辑网页时感到疲惫，点击了错误的箭头，问题就来了。下载箭头将刚刚编辑过的文件的远程拷贝下载到电脑。由于 FTP 功能将同名文件替换为新文件，而不要求确认，所以这个功能非常危险，可能会造成很大的损失。点击错误的图标，你可能会损失大量的工作（我们就遇到过）。

"上传"和"下载"是以系统为中心的术语，而非以使用为中心。至少对于普通用户来说，这两个词对数据流的方向可以有任意的解释。上下箭头图标对于缓解这种糟糕的含义映射毫无助益。由于文件集合排列在左手边和右手边，而不是在上面和下面，所以用户必须停下来思考他们是想在屏幕上向左还是向右传输数据，然后将其转化为"向上"或"向下"。传输数据的图标应直接反映这一点；一个左箭头和一个右箭头就很好了。

此外，鉴于"上传"是更频繁的操作，若使相应的箭头（本例为左箭头）更大，会提供更好的认知可供性，就点击目标的大小来说，还能提供更好的物理可供性。

物理可供性
physical affordance

一种设计特性，它帮助、辅助、支持、促进或实现对某个事物执行物理操作：点击、触摸、指向、手势和移动（30.3 节）。

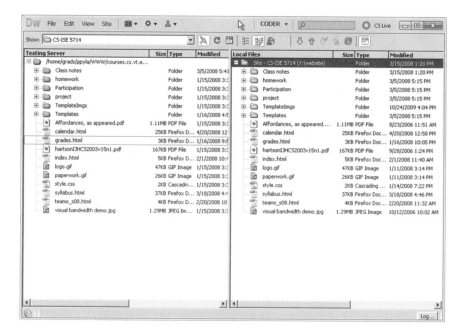

图 32.37
Dreamweaver 用上下箭头
表示上传和下载

示例：汽车暖风控制器的动作令人惊讶

图 32.38 展示了一个汽车暖风控制器。看起来非常简单；转动旋钮即可。但对于新用户来说，这里的交互可能令人惊讶。这个控制器看起来好像是你转动旋钮时，整个东西都会转动，包括表面的数字。但实际上，数字根本不会动，只有外缘在转，使指示器移过不同的数字，如图 32.39 的顺序所示。

所以，如果用户对该设备的心智模型是顺时针旋转调低暖风风扇的速度，以为通过指示器的数字会逐次减小，就会大吃一惊。事实上，顺时针旋转会将指示器移到更大的数字上，从而升高暖风风扇的速度。用户可能需要很长时间才能适应这种认知上的转换。

图 32.38
这个汽车暖风控制器是如
何工作的

图 32.39
现在可以看出，顺时针旋转，转动的只是外缘

9. 认知可供性中完整的信息

认知可供性的设计要完整；包括足够的信息让用户确定正确的行动。

对于每个标签、菜单选项等，设计者应该问："是否提供了足够的信息，以及是否用足够多的话来区分不同情况？"

完整和充分地表达含义为支持用户对认知可供性的理解，消除歧义，使之更加精确，并加以澄清。认知可供性的表达应该是完整的，足以让用户预测对相应对象采取行动的后果。

防止因犹豫不决、思前想后而损失生产力。

完整性 (completeness) 帮助用户区分备选方案，而不必停下来思考其中的差异。认知可供性含义的完整表述有助于避免错误和因为从错误中恢复而导致的生产力损失。

标签文本要用足够多的话来避免歧义。

有的人以为按钮标签、菜单选择和文本提示应简明扼要，以为没人愿意在按钮标签上看到一大段话。然而，合理的长标签不一定是坏事，多说一些话能增加准确性。通常，需要一个动词加一个名词来完整表述。例如，假定对一个任务步骤进行控制的按钮是要在应用程序中添加一条记录，标签就要说"添加记录"，而不要只是说"添加"。

作为标签完整性的另一个例子，控制机器速度的旋钮上的标签与其说"调整"或"速度"，不如说"调整速度"，甚至可以说"顺时针提高速度"，从而包括如何调速的信息。

如有必要，添加补充信息。

例如，如果不能合理地从一个按钮、标签或链接中获得全部必要的信息，可考虑使用一个划过式弹出窗口为标签中的信息提供补充。

提供足够的信息，使用户能自信地做出决定。

示例："还原"是什么意思？

图 32.40 显示的消息来自旧版 Microsoft Word，它不止一次地让我们停下来思考。我们以为自己知道应点击什么按钮，但每次都不能完全确定，而且它看起来似乎会对我们的文件产生重大的影响。

图 32.40
"还原"(revert) 的后果是什么？

要为用户的需求提供足够多的选择。

如果对话框或其他 UX 对象所呈现的选择并不包括用户真正需要的那一个，那么没有比这更令人沮丧的了。

10. 在认知可供性中以用户 / 使用为中心

在认知可供性中采用以使用为中心的措辞，即用户和工作环境所用的语言。

我们发现，许多学生并不理解在 UX 设计中以用户为中心或以使用为中心意味着什么。它主要是指要使用用户工作环境中的词汇和概念，避免使用系统的词汇和环境。这种用户工作领域语言和系统语言之间的差异是交互周期的"转译"部分的本质。

设计师必须帮助用户进行这种转译，使其不必将自己的工作领域词汇编码或转译为系统领域的对应概念。

示例：你的手机是什么？

作为一个最简单的、以用户为中心的、适度但有说服力的例子，考虑一下"蜂窝电话"(cell phone) 和"移动电话"(mobile phone) 这两个术语的区别。第一个以系统和技术为中心，因其指的是实现技术 (蜂窝网络)。第二个以用户为中心，因其指的是它的使用方式 (一种使用能力)。.

示例：以用户为中心与品牌建设

在美国南卡罗莱纳州的一个小镇上，我们看到一家珠宝店名为 The Jeweler's Bench。离那里不远处还有一家店叫 Bling for You 的。第一个店名字内向型的，以珠宝商为中心。第二个店名字是外向型的，以客户为中心。这些名字在品牌建设方面的表现如何？这取决于你希望塑造的形象。第一个形象面向过程，意味着技术能力和精确性。第二个面向产品，暗示你可以为自己买到漂亮的东西。

示例：神秘的吐司机

这个例子关于的是我们在酒店自助餐上观察到的一台吐司机，它正好说明了以用户 / 使用为中心的问题。用户把面包放到一个传送带的输入侧。里面是高架加热线圈，从另一端出来的就是吐司 (烤面包)。

机器只有一个控制器，一个标有"速度"(Speed) 的旋钮，另外还有"快"(Faster，顺时针旋转) 和"慢"(Slower，逆时针旋转) 两个标签。移动速度较慢的传送带会使吐司颜色变深，因为面包在加热线圈下的时间更长；较快则意味着吐司颜色变浅。虽然这个概念很简单，但在我们观察的用户中，存在着明显的语言鸿沟，这导致了一些困惑和讨论。速度的概念在某种程度上不符合他们制作吐司的心智模型。我们甚至听到有一个人问："为什么会有一个旋钮来控制吐司机的速度？为什么有人愿意等着慢吞吞地做吐司，他们本来可以更快的？" 这个旋钮的标签使用了系统的物理控制领域的语言。

这是一个很好的例子，说明了这种设计未能帮助用户完成从任务或工作领域语言到系统控制语言的转换。的确，这个旋钮确实使传送带移动得更快或更慢。但用户并不真正关心系统领域的物理学；用户生活在制作吐司的工作领域中。在那个领域中，系统控制术语转换为"浅"(Lighter) 和"深"(Darker)，这两个词作为旋钮的标签会更有效，因其有助于弥合从系统到用户手头任务的执行鸿沟。

11. 用认知可供性避免错误

日语有个词是 "poka-yoke" (ポカヨケ)，意思是防呆或防错 (error proofing)。它指的是一种制造技术，以防止产品的部件被错误地制造、组装或使用。大多数物理安全互锁就是一个例子。例如，大多数自动变速器中的互锁装置在变速器处于驻车状态之前不允许驾驶员拔出钥匙，而且除非踩下刹车，否则不允许在驻车状态下换档，从而实现了一定的安全性。

在设计中找到预测和避免用户错误的方法。

当然，预测工作流程中的用户错误可以追溯到使用研究 (usage research)，对避免错误的关注贯穿于需求、设计和 UX 评估的始终。

要帮助用户避免不当和错误的选择。

该准则有三个部分：一是禁用选择，二是向用户显示它们被禁用，三是解释它们被禁用的原因。

禁用按钮、菜单选项，使不当的选择不可用。

通过禁用按钮、菜单和图标中不合适的选择来帮助用户避免在任务流程中出错，表明这些选择在交互中的某个时候不适用。

变成灰色，使不当的选择看起来不可用。

作为上一条准则的推论，要让用户意识到不可用的选择，除了使这些选择确实不可用之外，还要使这些选择看起来不可用。这是通过对相应的认知可供性的显示方式进行一些调整来实现的。

一个办法是删除该认知可供性的显示，但这导致了总体显示的不一致，并让用户怀疑该认知可供性的去向。我们传统方法是将有关的认知可供性"变灰"，这被普遍认为是指认知可供性所表示的功能仍然作为系统的一部分存在，只是暂时不可用或不适用。

但要帮助用户理解为什么一个选择不可用。

如果一个系统操作或功能不可用或不合适，通常是因为没有满足其使用的条件。但是，对用户来说，最令人沮丧的是一个按钮或菜单选择是灰色的，但没有说明为什么相应的功能无法使用，以及必须做什么来使这个按钮解除灰色并使该功能可用。

我们建议采用一种方法来打破传统的 GUI 对象行为，但确实能帮助避免用户感到挫折。如点击或将鼠标指针悬停在一个变灰的对象上，就用一个弹出窗口（所谓的"工具提示"），说明它为什么变灰，以及必须做什么来创造条件以激活该 UI 对象的功能。

示例：何时点击按钮？

在一个文档检索系统中，用户的任务之一是为现有的文件，即已经输入系统的文件添加新的关键词。与这项任务相关的是一个用于输入新关键词的文本框和一个标有"添加关键词"的按钮。用户不确定是先点击按钮来启动这项任务，还是先输入新的关键词再点击按钮

一个用户尝试了前者，但什么也没发生，没有可观察到的行动，也没有反馈，所以用户推断出正确的顺序是先输入关键词，再点击按钮。除了一点混乱和损失的时间外，没有造成任何伤害。然而，同样的故障很可能会在其他用户和这个用户身上再次发生。

解决方案是使添加关键词的按钮在不可用时显示成灰色，明确指出在输入关键词之前它不会激活。根据我们之前的建议，还可添加一个信息弹出窗口，在点击变灰的按钮时显示，提醒用户必须先在关键词文本框中输入一些东西，按钮才会重新激活，允许用户真正添加该关键词。

12. 用于错误恢复的认知可供性

提供清晰的方式来撤销和反转操作。

尽可能为用户提供一种方法，使他们能通过"撤销"操作退出错误情况。虽然较难实现，但多级撤消和步骤间的选择性撤销能为用户提供更大的帮助。

为错误恢复提供建设性的帮助。

用户通过作为反馈的错误信息了解错误，这会在交互周期的"评估"部分予以考虑。反馈作为系统响应的一部分出现 (32.9.1 节)。为支持错误恢复而设计的系统响应通常会用前馈 (feed-forward) 来补充反馈，这是交互周期的"转换"部分中的一种认知可供性，以帮助用户知道为恢复错误应采取什么行动或任务步骤。

13. 针对模式的认知可供性

模式是一种状态，在这种状态下，行动与不同状态下的同一个行动具有不同的意义。最简单的例子是一个假想的电子邮件系统。处于管理电子邮件文件和目录的模式时，命令 Ctrl-S 意味着保存。但在处于撰写电子邮件的模式时，Ctrl-S 意味着发送。我们在"旧时代"看到过这样的设计，这绝对是对错误的一种邀请。许多邮件被过早地发送出去，因为人们已习惯了定期按 Ctrl-S，确保所有的东西都被保存。

UX 设计中大多数模式问题都是因为突然改变了用户行动的含义。用户通常很难在不同的模式之间转移注意力。而一旦他们在跨越模式的边界时忘记转移注意力，就可能造成混乱甚至有害的结果。这是一种诱饵和开关；你纯粹是让用户在做某件事时感到舒服，然后突然改变了他们已习惯了的行动的含义。

UX 设计中的模式对有经验的用户也有很大的影响，他们会快速而习惯性地操作，不会太多地去想自己的行动。在一种"UX 空手道"中，他们在一种模式中开始朝一个方向屈步，然后在另一种模式中，他们用已经习惯的动量来对付自己。

避免混乱的模式。

如果能完全避免模式，最好的建议是就这样做。

示例：不要处于坏的模式

想想老式的数字手表，你就懂了。

明确区分模式。

如果模式在 UX 设计中是必要的，下一个最好的建议是确保用户意识到每一种模式，并避免不同模式之间的混淆。

在有助于自然交互且不会造成混乱的地方使用"好模式"。

不是所有模式都是坏的。若在设计中不是盲目地使用模式，反而可以佐证设计准则。避免模式的准则通常是很好的建议，因为模式往往会造成混乱。但是，模式也可在设计中以有帮助的方式使用，而且完全不会造成混乱。

示例：你在好的模式中吗？

设计中需要好模式的例子来自某个车型的车载音响系统的音频均衡器控制。和大多数收音机均衡器一样，有一套固定的均衡器设置可供选择，通常称为"预设"，其中包括语音、爵士、摇滚、古典、新时代等音频风格。

但是，由于显示屏不会一开始就显示当前均衡器设置，所以用户必须猜测或有信心。如按下均衡器按钮来检查当前的设置，它就会改变设置，然后就必须在所有数值中切换回来以恢复原来的设置。这是一个非模式化的设计，因为每次按下均衡器按钮都意味着同样的事情。它是一致的；每次按下按钮都会产生相同的结果：切换设置。

可对该设计稍加修改，使其一启动就处于"显示模式"，即最初的按键会显示当前设置，而非改变设置，这样就可在不干扰设置本身的情况下查看当前均衡器设置。如确实希望改变设置，可在短时间内再次按下同一个均衡器按钮，将其切换到"设置模式"。在此模式下，按下按钮将切换设置。大多数这样的按钮都是以这种良好的、模式化的方式行事的，只是该特殊的车型除外。

32.6.4　任务结构

图 32.41 强调了交互周期中"转换"部分的"任务结构"部分。

在交互周期的这一部分，对任务结构的支持是指通过任务和任务步骤的逻辑流程来支持用户需求，包括任务结构中对人类记忆的支持；任务设计的简单性、灵活性和效率；在任务中保持用户的控制权；以及提供自然的直接操作交互。

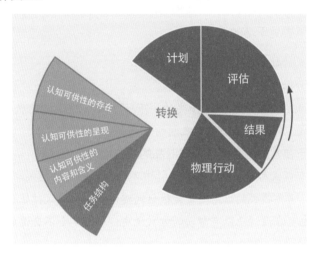

图 32.41
转换的"任务结构"部分

1. 任务结构中的人类工作记忆负荷

在任务结构的设计中支持人类的记忆限制。

为了在任务结构设计中支持人类记忆的限制，最重要的方式是尽可能快并频繁地结束任务，避免子任务的中断和堆叠。这意味着要将任务"分块"成小的序列，并在每个部分之后结束。

虽然从计算机科学的角度来看，使用层次化任务结构的"预排序"遍历似乎很整洁，但可能造成用户工作记忆超载，用户每次进入更深的层级都要堆叠上下文(入栈)，而且每次用户在结构中返回上一个层级都要"弹出"堆叠(出栈)，或者说回忆起当时堆叠的上下文。

当用户在完成当前任务之前被迫考虑其他任务时，就会发生中断和堆叠。不得不同时在空中抛弄多个"球"，即多个处于部分完成状态的任务，这给人的记忆带来了往往不必要的负担。

2. 设计任务结构以提高灵活性和效率

用有效的任务结构和交互控制来支持用户。

在逻辑任务流程中，提供替代的任务完成方式来支持用户对灵活性的需求。为经常执行的任务提供捷径(快捷方式)来满足用户对效率的需求，并为任务线的连续性提供支持，支持最可能的下一步。

提供执行任务的替代方法。

在基于任务的 UX 评估过程中，最引人注目的观察之一是用户处理任务结构的方式惊人的多样性。用户会走设计师从未想过的路径。

有两种方法可以使设计师适应这种任务路径的多样性。一个是在用户研究中仔细关注各种做事情的方式，另一个是在 UX 评估中利用对这种用户行为的观察。用户"误入歧途"，不一定是"不正确"的任务表现；要从他们身上努力学习有价值的替代路径。

提供快捷方式。

没人愿意为完成一项任务而点击过多的鼠标或其他用户行动，尤其是在复杂的任务序列中 (Wright, Lickorish, & Milroy, 1994)。为提高经常执行的任务的效率，有经验的用户特别需要快捷方式，例如"热键"（或"加速键"）来代替其他更复杂的动作组合，例如从下拉菜单中选择。

在否则需要键盘操作的任务中，例如填写表格或文字处理，用键盘替代鼠标尤其有用。在键盘上执行这些"命令"，可避免在键盘和鼠标这两种不同的物理设备之间切换。

3. 分组以提高任务效率

在对象的布局中提供合理的分组。

按任务或用户工作活动分组相关对象和功能。

为了通过布局和分组来控制内容和意义的复杂性，我们对相关事物进行分组以明确其意义。我们主张将与同一任务或用户工作活动相关的对象和其他事物分组，以便在做手头的任务时，能在同一个地方找到全部需要的组件。这种分组可通过屏幕或其他设备的布局在空间上完成，也可按顺序呈现，如一个菜单选择序列。

就像 Norman(2006) 所说的，在一个精通分类学的"五金店"组织中，所有不同种类的锤子都挂在一起，而所有不同种类的钉子都被组织在其他地方的箱子里。但是，木匠在组织自己的工具时，锤子和钉子是放在一起的，因为两者在工作活动中一起使用。

但是，对象和功能如需单独处理，就要避免对它们进行分组。

将按钮、菜单、数值设置等 UI 对象分组，会给人一种印象，即该组包括用户行动的一个焦点。如果该任务目标需要更多对象，每个对象都需要单独的行动，就不要将这些对象紧密地组合在一起。相反，要明确单独的目标，并明确对单独行动的要求。

示例：哎呀，我忘了做其他的了

图 32.42 展示了 TKS 纸原型的一个对话框草图。它包含两个目标和两个相应的对象，用户通过它设置值，电影的大致开始时间，以及电影院到售票机的距离。大多数使用这个对话框作为购票任务一部分的参与者都做了第一个设置并点了 Continue(继续)，而没有注意到第二个组件。解决方案是将这两个设定值的操作分离到两个对话框中，迫使焦点分离并使这两个动作线性化。

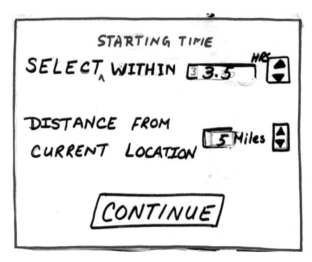

图 32.42
纸原型一个被忽视的对话框

4. 任务线的连续性：预测最可能的下一个步骤或任务路径

通过预测最可能的下一个任务、步骤或行动来支持任务线的连续性。

任务线连续性 (task thread continuity) 是一个与任务流程有关的设计目标。在这个目标中，用户可以在没有中断或 "断续" 的情况下连续执行一个可能有许多步骤的任务线。在设计中，它通过在任务流程的任何一个点上预测最可能的和其他可能的下一个步骤来实现。与此同时，在手边随时提供必要的认知、物理和功能可供性来继续任务线。

要支持的下一步包括用户可能想要执行的任务或步骤，但它们不一定是设计师所设想的 "主" 任务线的一部分。所以，这些不同的任务方向在单纯的任务分析中可能没有识别出来。只有当从业人员或设计师在观察用户在真实工作活动背景下执行任务时，在使用研究中才有可能看到这些。在 UX 评估期间进行有效的观察，也能揭示出用户与主线相关联的改道 (diversion)、分支 (branching) 和替代 (alternative) 任务路径。

设计上下文菜单 (与任务中的对象或步骤相关的右键菜单) 时，对任务线连续性的关注尤为重要。设计提供任务路径分支的消息对话框时也很重要，此时用户需要马上看到与当前任务相关的其他可能性。

示例：如果你告诉他们应该做什么，就帮助他们达到目的

任务线连续性最明确的例子可能是在一个信息对话框中看到的，它描述了一个有问题的系统状态，并建议了一个或多个可能的行动路线作为补救措施。但让用户沮丧的是，关于这些建议的新任务路径，系统没有提供任何帮助。

任务线的连续性很容易通过添加按钮来支持，这些按钮提供了一种直接的方式来遵循每一个建议的行动。假设一个对话框的消息告诉用户，页边距太宽了，一页打不下，并建议重新设置页边距以完整打印文档。若遵循本准则来包括一个按钮，使用户能直接进入页边距设置屏幕，就会有很大的帮助。

示例：同时看到查询和结果的

信息检索系统的设计师有时会将构建查询、提交查询和获得结果的任务顺序看作是任务结构的闭合，而且通常也是如此。所以，在一些设计中，查询屏幕被替换成了结果屏幕。但对许多用户来说，这并不是任务线的终点。

一旦结果得以显示出来，下一步就是评估检索的成功与否。如查询很复杂，或自提交查询以来发生了很多事情，用户就需要审查原始查询，以核实结果符合预期。下一步可能是修改查询并再次尝试。所以，这个通常很简单的线性任务可以有一个范围更大的线。设计应支持这些可能的替代任务路径，不要直接用结果显示来替换查询显示，并提供一个从结果页修改查询的选项。

示例：我们可以帮你花更多的钱吗？

像 Amazon.com 这样成功的网上购物网站的设计师已经想出了如何通过在购物任务中提供可能的下一步 ("看到即买到"，seeing and then buying) 来方便购物者。他们通过无处不在的"立即购买"或"添加到购物车"按钮支持下单的便利性。它们还支持产品研究。如果一个潜在客户对某一产品感兴趣，网站会迅速显示到评论、其他产品、与之配套的配件以及其他客户购买的类似产品的链接。

示例：如果我想把它保存在一个新的文件夹怎么办？

在早期的 Microsoft Office 软件中，"另存为"对话框并不包含新建文件夹的图标（图 32.43 的对话框的 Tools 左数第二个图标）。设计师最终意识到，作为"另存为"任务的一部分，用户必须考虑将文件放到哪里，而且作为组织文件结构的计划的一部分，他们经常需要新建文件夹来修改或扩展当前文件结构。

早期用户不得不退出"另存为"任务，转到 Windows 资源管理器，导航到适当的上下文，创建文件夹，再回到 Office 应用程序，重新进行"另存为"任务。现在，直接在"另存为"对话框中添加对新建文件夹的支持，这个可能的下一步就被照顾到了。

某些时候，最可能的下一步是如此的可能，以至于任务线的连续性可通过增加少量的自动化和为用户做这个步骤来支持。下面展示了一个需要这种帮助的例子。

图 32.43
在"另存为"对话框中添加一个新建文件夹图标

示例：反复重新设置

对于经常使用 Word 的用户来说，大纲视图有助于组织文档中的材料。可用大纲视图从文档的一个位置快速移至另一个位置。大纲视图允许选择要显示的大纲层数。用户一般希望设置较高的大纲视图层级，以便对整个文档有一个概览。所以，对于许多用户，最有可能用到的就是那个高的层级设置。许多用户甚至很少选择其他东西。

无论用户对层级的偏好如何，他们之所以进入大纲视图，就是因为想查看和使用大纲。但是，Word 大纲视图的默认层级是唯一非真正的"大纲"。默认 Word 大纲视图是"显示所有层级"或者说"全部展开"，这是是一个无用的由大纲部分和非大纲文本构成的混合体。作为默认设置，该设置对任何人来说都是最没用的。

每次用户打开 Word 文档，都要面对那个恼人的大纲视图设置。即使通过设置层级来展示了你的偏好，但系统在编辑过程中也不可避免地偏离该设置，迫使你经常重新设置。多年来，经常使用 Word 的人已进行了成千上万次这样的设置。为什么 Word 不能帮助用户保存他们的常用设置呢？

设计师可能会争辩，他们不能假设他们知道用户需要什么层级，所以遵循的准则是"让用户控制"。但是，为什么要设计一个用户肯定会改变其默认值，而不是一个至少在某些时候对某些用户有用的东西呢？为什么不检测文档中存在的最高层级并将其作为默认值？毕竟，用户要求的就是查看大纲。

示例：就一个的话，为什么还要我选？

我们早些时候描述了一个例子，对话框的选择列表仅一个项目，但用户还是必须从中选择它。我们的观点是，为用户预选项目是一个有用的默认值。

同样的思路在这里也成立。当只有一个选择时，设计师可通过任务线的连续性来支持用户的效率，方法是假设最可能的下一个动作是选择那个唯一的选择，并为用户提前做出选择。这方面的一个例子来自于 Microsoft Outlook。

当 Outlook 用户从"工具"菜单中选择"规则和警报"并点击"立即运行规则"按钮时，会出现"立即运行规则"对话框。若仅有一条规则，它会加亮显示，使其看起来被选中。但要小心，该规则并没有被选中；高亮显示是一种虚假的可供性。

仔细观察，你会发现它左边的复选框没有被勾选，那才是被选中的指示。其结果是"立即运行"按钮是灰色的，导致一些用户困惑地停顿下来，不明白为什么现在不能运行该规则。大多数这样的用户最终会搞清楚是怎么回事，但已经在困惑中失去了时间和耐心。这个 UX 问题可通过预先选择该唯一选择作为默认值来避免。

5. 不要撤消用户的工作

充分利用用户的工作。

不要让用户重做任何工作。

不要要求用户重新输入数据。

填好表格的一部分后，为了获得更多的信息或临时处理其他事情而离开了一下。当你回来时，看到的是一个空白表格，你会不会生气？或者，一个字段的数据出错时，表格又变空了？这通常来自于懒惰的编程，因为保留你部分完成的信息需要设计一些缓冲。不要对你的用户造成这种伤害。

保留用户状态信息。

通过保留，帮助用户跟踪他们在使用过程中设置的状态信息，如用户偏好等。每个工作会话都要重新设置偏好和其他状态设置，这是很令人气愤的。

示例：嘿，还记得我在做什么吗？

如果 Windows 能在跟踪用户的工作焦点方面提供更多的帮助，特别是跟踪他们在目录结构中的工作位置，将为用户提供很大的帮助。很多时候，不得不在对话框（例如"打开文件"）中搜索整个文件目录来重建你的工作环境。

然后，如果想对该文件进行"另存为"处理，可能不得不再次从顶部搜索整个文件目录，以便将新文件放在原文件附近。我们并不要求内置的人工智能，但现在的情况是，如果在目录结构的某个部分处理一个文件，并想对它进行"另存为"，那么该文件很可能与原文件有关。所以，需要在文件结构中靠近它保存。

幸运的是，在 Windows 10 中，"另存为"功能现在确实提供了最近的文件和文件夹的选择，以帮助解决这个在目录结构中保持位置的问题（图 32-44）。

幸好，Windows 10 的"另存为"功能现在确实提供了最近文件和文件夹的选择，帮助用户解决在目录结构中保持位置的问题，如图 32.44 所示。

图 32.44
Windows 10 的"另存为"
对话框帮助记忆目录中最
近的工作位置

6. 让用户保持控制

避免感觉失去控制。

有的时候，虽然用户实际上仍处于控制状态，但交互对话会使用户感到是计算机在控制。虽然设计者可能不会深思诸如"你需要回答你的电子邮件"这样的语言，但这些话会给用户一种专横的态度。诸如"您有新邮件"或"新邮件已准备好供阅读"这样的话表达了同样的意思，但却让用户感觉他们不是被命令去做什么；他们可在自己认为方便的时候回复。

避免实际上失去控制。

对用户来说，更麻烦、更不利于生产力的是用户控制的真正丧失。设计师可能以为自己知道什么对用户最好，但最好避免在交互中对控制权的问题采取专横的手段。很少有哪种用户体验比失去控制更容易引起用户的愤怒。这并不能使他们按照你认为的方式行事；只会迫使他们花更多精力来处理你的设计。

我们经历过的最令人抓狂的用户控制权丧失的例子之一来自 EndNote，这是一个原本强大而高效的文献处理插件 (为字处理软件而设计)。这个问题在我们使用过的每个版本的 EndNote 中都存在。当 EndNote 作为 Microsoft Word 的一个插件使用时，它可以在后台扫描你的文档，以便对文献引用进行操作。

如果认为有必要采取某种行动，例如格式化嵌入的引用，EndNote 往往会任性地从正在进行编辑的用户手中夺走控制权，并将光标移动到需要采取行动的位置，而这些位置往往离用户关注的焦点有很多页，而且通常没有任何迹象表明发生了什么。而在这个时候，用户可能并不想思考文献引用的问题，而是更关心手头的任务，比如编辑。突然之间，控制权被夺走了，工作环境也消失了。这需要额外的认知精力和额外的身体动作才能回到刚才工作的地方。最糟糕的是，这种情况可能反复发生，每次都会引起用户越来越消极的情绪反应。实际上，在编写本书的章节时，我一度卸载过 EndNote！

始终为用户提供"摆脱"当前操作的方法。

不要在交互中困住用户。如果用户在进入任务序列后决定不继续，请始终为用户提供一种逃脱方式。针对该准则进行的设计通常是包含一个"取消"按钮。

费茨法则
Fitts' law

一种基于实证的理论，表示为一组控制人类行为中某些肢体行动的数学公式。拿到 HCI/UX 领域，费茨法则控制着对象选择、移动和拖放的物理移动 (例如光标的移动)。预测移动时间的公式是 1. 与移动距离的 log2 成正比。2. 与垂直于运动方向的目标横截面的 log2 成反比 (30.3.2.5 节)。

32.7　物理行动

物理行动准则 (physical actions guidelines) 支持用户进行身体动作，包括在 GUI 中打字、点击、拖动、在网页上滚动、使用语音界面说话、在虚拟环境中行走、在手势交互中移动手以及用眼睛凝视 . 这是用户交互周期的一部分，基本上没有认知成分；用户已经知道要做什么以及怎么做。

这里的问题仅限于设计如何很好地支持做物理动作，对用户界面对象进行操作以访问系统内的所有特性和功能。设计考虑的两个主要方面是：设计如何支持用户感知要操作的对象，以及如何支持用户采取物理行动。一个简单的例子是看到一个按钮并点击它。

物理行动是交互周期中与物理可供性相关的一个地方，在这里，会发现关于费茨法则、手的灵活性、身体残疾、尴尬和身体疲劳的问题。

32.7.1　感知物理行动的对象

图 32.45 强调了交互周期中"物理行动"部分中的"感知用户界面对象"部分。

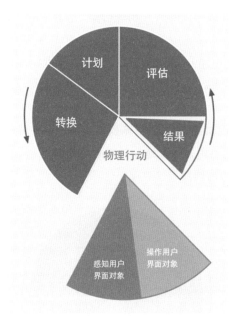

图 32.45
感知物理行动中的 UI 对象

1. 感知要操作的对象

物理行动部分的"感知用户界面对象"部分要为用户感官(例如视觉、听觉或触觉)提供支持,以便快速找到合适的物理可供性并对其进行操作。对物理行动的感知关于的是物理可供性的呈现,相关设计问题与交互周期中其他部分的认知可供性的呈现类似,包括可见性、显著性、可发现性、可区分性、可辨识性、感官障碍和呈现媒介。

用有效的感官可供性来支持用户采取物理行动。

让要操作的对象可见、可辨、可读、显著和可区分。如有可能,将注意力的焦点(例如光标)放在需要操作的对象附近。

2. 在操作过程中感知对象

静态感知物体以采取物理行动很重要。除此之外,用户还需要能动态感知光标和物理可供性对象,以便在操作过程中跟踪它们。例如,拖动图形对象时,用户的动态感知需求通过显示图形对象的一个轮廓得到支持,帮助判断它在绘图应用中的落点。

另一个非常简单的例子是，如光标颜色与背景相同，光标移动是可能会消失在背景中，难以判断将鼠标后移多远才能再次看到它。

32.7.2 帮助用户采取物理行动

图32.46强调了交互周期中"物理行动"部分中的"操作用户界面对象"部分。

交互周期的这一部分关于的是支持用户在采取物理行动时的物理需求，以便他们对用户界面对象采取物理行动——尤其是要设计出让专家级用户有效的物理行动。

为用户提供有效的物理可供性来操作对象，帮助用户采取行动。

与支持物理行动相关的问题包括尴尬和身体残疾、手的灵活性和费茨定律 *，还有触觉和物理性。

物理性
physicality

与真实物理 (硬件) 设备的真实直接物理交互，例如抓握和移动 / 扭动拉手和旋钮 (30.3.2.4 节)。也称为"体感"。

---

* 译注

即 Fitt's law，该定律指出，使用指点设备到达一个目标的时间，与当前设备位置和目标位置的距离 (D) 和目标大小 (S) 有关。这是保罗·费茨 (Paul Fitts) 博士在 1954 年提出的，担任美国空军人类工程学部门主任期间，他对人类操作过程中的运动特征、运动时间、运动范围和运动准确性进行了研究，最后得出这个定律，即目标越小，越需要提早减速。

图 32.46
在物理行动中操作 UI 对象

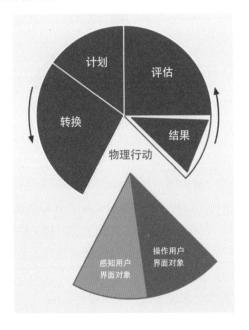

1. 尴尬和身体残疾

为物理行动设计的一个最简单的方面就是避免尴尬。这也是在 UX 评估中最容易发现问题的领域之一。

避免肢体尴尬。

肢体尴尬问题往往是指在肢体动作上所花费的时间和精力。这个问题的典型例子是用户必须在多个输入设备之间不断交替使用，比如在键盘和鼠标之间，或者在其中任何一个设备和触摸屏之间。

这种设备的切换涉及不断的"归位"动作。这非常耗时且费力，是对认知焦点、视觉注意力和身体动作的一种干扰。

键盘上的组合键要求多个手指同时按多个键，这也会成为阻碍流畅和快速交互的尴尬用户操作。

适应身体残疾。

并非所有人类用户都有相同的身体能力，包括运动范围、精细的运动控制、视觉或听觉等。有些用户存在先天限制；有些则是由于意外而造成残疾。虽然对无障碍（可访问性）问题的深入讨论超出了我们的范围，但对用户残疾的照顾是交互周期"物理行动"部分设计的一个极其重要的部分。

2. 手的灵活性和费茨法则

与费茨法则有关的设计问题针对的是移动距离、对象相互接近和目标对象的大小。性能是以时间和错误来计算的。在严格的解释中，错误是指点击除正确对象以外的任何地方。一个更实际的解释是点击了正确对象附近的错误对象；这是一种可能对交互产生更多负面影响的错误，并因而引申出了以下多条准则。

设计布局以支持手的灵活性和费茨法则。

使可选择的对象足够大来支持光标向目标的移动。

关于目标尺寸和目标之间的光标移动的底线很简单：小对象比大对象更难点击。将交互对象设计得足够大，在横截面上要保证光标移动方向的准确性，在深度上要支持移动在目标对象内准确终止。

将与任务流程相关的可点击对象紧密组合在一起。

避免疲劳和缓慢的移动时间。大的移动距离需要更多时间，会导致更多的目标错误。相关对象之间距离短，移动时间就短，错误也少。

但不要把对象分组得太近，也不要把不相关的对象纳入分组。

避免因目标对象与非目标对象距离过近而导致的错误选择。

示例：哎呀，我点不中图标

某绘图软件提供非常多的功能，其中大部分可通过工具条上的小图标进行访问。每个功能也可通过其他方式调用（例如从菜单中选择），但我们的观察表明，专家用户喜欢使用工具条上的图标。

但使用这些图标时存在一些问题，图标太多、太小，而且挤在一起。这一点，再加上有经验的用户的快速行动，经常导致用户点到错误的图标，而这是用户不乐意的。

3. 约束物理行动以避免物理超调错误

设计物理移动以免物理超调 (physical overshoot)。

和光标移动的情况一样，其他类型的物理行动也会有超调的风险，使动作超出预期范围。这个概念在下面的吹风机开关例子中得到了最好的说明。

示例：吹干，还有人吗？

假设你正在用吹风机的低档，并准备关闭它。推动吹风机的开关需要一定的阈值压力来克服最初的阻尼。然而，一旦进入运动状态，除非用户善于立即减少这种压力，否则开关会超出预定设置。

在每个开关位置都有一个强大的阻尼，可帮助防止超调 (overshooting)，但还是很容易把开关推得太远，如图 32.47 中的吹风机开关照片所示。从 LOW 开始，将开关推向 OFF，开关的结构使它很容易意外地超过 OFF 的位置而移动到 HIGH。

这种物理超调可通过开关的设计来防止，可以直接从 HIGH 到 LOW，然后再到 OFF，这是一个合理的进程。在物理移动的一端设置关闭位是一种物理约束或边界条件，允许用户坚定而快速地将开关推至关闭位，而无需小心翼翼地触摸或担心超调。

那么，为什么基本上所有吹风机都存在这种 UX 缺陷？我们怀疑是制造一个将中性关闭位到在中间的开关可能更容易 (或更便宜)。

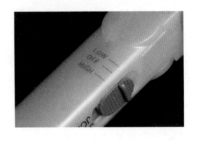

图 32.47
很容易物理超调的吹风机
控制开关

4. 触觉和物理性

触觉指的是触感和物理抓握的，而物理性关于的是使用真实物理设备的真实物理交互，例如真正的旋钮和拉手，而不是通过"软"设备的"虚拟"
交互。

当替代方案不能让用户满意时，建议在设计中包括物理性。

示例：没有旋钮的宝马

宝马 iDrive 想法在纸上看起来很好。它本身就很简单。没有杂乱无章
的旋钮和按钮的面板。多么酷，多么具有前瞻性。

设计师觉得，驾驶者可以通过一组菜单做任何事情。但司机们很快意
识到，所有的控制都被埋没在层次分明的菜单迷宫中。再也不能盲调暖风
机的功率。幸好，物理旋钮现在又回到了宝马车中。

示例：老友的新款微波炉

这是我们的老友 Roger Ehrich 的一封旧邮件，只不过有编辑：

"嘿，老友，我们的微波炉有 25 年的历史了，我们担心辐射泄漏，所以不情
愿地买了一台新的。旧的那台有一个旋钮，可以扭动来设置时间，还有一个"开始"
按钮。和 Windows 不同，它真的能启动这个东西。新的有一个数字界面，我们两人
花了 10 多分钟试图让它启动，但最终得到的只是一个错误消息。我觉得吧，永远都
不应该从一台设备上得到一个错误消息！最终，我们还是让它开机了。程序并不复
杂，但它不会容忍用户行为的任何变化。问题是，设计是模态的，有些按钮是多功
能的，而且是有顺序的。像我这样偶尔用一下的用户会忘记并再次弄错。对我来说，
最好是把我的爆米花拿去给一个记得该怎么做的邻居。无论如何，都要为过去的美
好时光和定时器旋钮干杯。"

示例：卡车无线电和暖风旋钮的良好体感

图 32.48 展示了某皮卡车的收音机和暖风控制。音量旋钮的外圈很大，
很容易把控，用起来很方便，而且没有和其他模式的旋钮重合在一起。还
要注意收音机下面的暖风旋钮。同样，在寒冷的冬季早晨，抓住并调整这
些旋钮的体感给人以极大的乐趣。

唯一的缺点是：没有调台旋钮。

图 32.48
收音机音量控制和暖风控制旋钮的体感很好

32.8   结果

图 32.49 强调了交互周期的"结果"(outcome)部分。 这一部分关于的是"有用性"(usefulness)，通过完整和正确的"后端"功能，即有效的功能可供性来为用户提供支持。结果中没有其他 UX 问题，因为结果是系统内部的计算和状态变化，对用户来说是看不见的。

图 32.49
交互周期的"结果"部分

32.8.1   系统功能

交互周期的"结果"部分主要关于非用户界面的系统功能，包括软件工程这一侧的所有软件 bug 和后端功能软件的完整性和正确性问题。

检查功能是否缺失。

不要让功能杂而不精。

如试图在系统功能中做太多的事情，最终可能什么都做不好。诺曼警告过我们，不要用常规用途的机器来执行许多不同的功能。他建议使用"信息设备"(Norman, 1998)，每个都针对更专门的功能。

检查功能中是否存在非 UI 软件 bug。

32.8.2　系统响应时间

系统响应缓慢会影响其感知到的使用体验。计算机硬件性能、网络和通信通常都是罪魁祸首。在 UX 设计中，我们唯一能做的就是通过有效的反馈来传达用户操作的状态 (32.9.2 节)。

32.8.3　自动化问题

"自动化"在这里意味着将功能和控制从用户那里转移到内部系统功能上。这可能导致用户得不到他们需要的东西。当设计师试图猜测用户会需要什么时，他们几乎总是以错误告终。关于自动化和用户控制的设计问题可能很棘手。

避免过多的自动化造成用户控制权的丧失。

下面的例子展示了非常小规模的自动化从用户手中夺走控制权的情况。虽然很小，但对遇到它们的用户来说仍然是令人沮丧的。

示例：IRS 知道这个吗？

这个例子中的问题在 Windows 资源管理器中已经不存在了，但早期版本的 Windows 资源管理器不会让你用全部大写字母来命名一个新文件夹。例如，如果需要一个存放税务文件的文件夹，并试图将其命名为"IRS"。在那个版本的 Windows 中，按下回车键后，名字会被自动改成"Irs"。

所以，在轻微的困惑后，你再试一次，但同样不成功。这肯定是一个故意设计的"特性"，可能是由一个软件人员搞的，以为能保护用户不受似乎是一个打字错误的影响，但这最终是对用户控制权的一种蛮横手段。

示例：John Hancock 问题

假设一个名为 H. John Hancock 的用户在早期版本的 Microsoft Word 中输入一封商业信函，打算在最后签署为：

H. John Hancock Sr. Vice President

最后得到的却是 (图 32.50)：

H.　John Hancock

I.　Sr. Vice President

　　Hancock 先生不习惯 21 世纪的技术，他对这个"I"感到困惑，于是他退回去，再次输入名字，但当他再次按回车键时，得到的是同样的结果。起初，他不知道发生了什么，为什么会出现"I"，或者如何在不出现"I"的情况下完成这封信。至少有那么一会儿，任务受阻了，Hancock 先生感到十分沮丧。

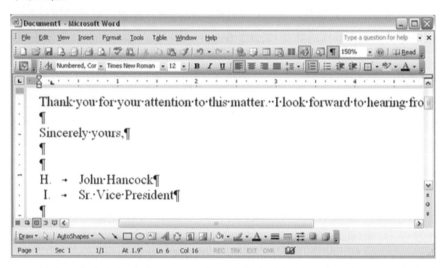

图 32.50
H. John Hancock 的问题

　　作为一个有点经验的 Word 用户，他最终确定问题的原因是自动编号列表选项作为一种模式被打开了。至少对于这个场合和这个用户，自动编号列表选项强加了太多的自动化而没有提供足够的用户控制，用户很难理解发生了什么。

　　事实上，还是有一些有用的反馈表明用户处于自动编号列表模式，但它是以"状态"消息的形式显示在窗口顶部的（图 32.51）。

图 32.51
Hancock 先生看到这个就好了

　　然而，Hancock 生并没有注意到这个反馈信息，因为它违反了评估准则"将反馈信息放在用户的注意力范围内，也许是在一个弹出的对话框中，但不能放在屏幕顶部或底部的消息或状态栏中"。

在有明显需求的地方通过自动化来帮助用户。

　　某些时候，自动化会有一些帮助。下面就是这样的一个案例。

示例：对不起，你跑偏了！

不管导航系统有多好，人类司机还是会犯错误，会偏离路线，偏离系统规划的路线。今天的导航设备或 APP 在帮助司机恢复和回到路线上非常出色。它能立即自动根据当前位置重新计算出一条新路线，不会有什么停顿。恢复是如此顺利和容易，以至于看不出出过任何差错。

在出现这种导航系统之前，Microsoft 开发了一个名为 Streets and Trips 的系统。它使用一个 GPS 天线和接收器，插在笔记本电脑的 USB 接口上。只要司机一跑偏，屏幕上就会用红色的粗体字显示错误消息 Off Route！（跑偏了！）

不知何故，用户不得不按其中一个功能键来要求重新计算路线以进行恢复。当你忙于应付交通和路标时，这时会很乐意让系统来控制并分担更多责任。公平地说，也许能在某个偏好设置或其他菜单选择中设置这个自动选项。但是，默认行为不是很好用，也不容易发现。

Microsoft 系统的设计师可能一直喜欢"始终将控制权留给用户"的设计准则。虽然用户控制往往是最好的，但某些时候，由系统来负责并做必要的事情却至关重要。这个 UX 问题的工作背景如下所示。

- 用户正忙于其他不能自动化的任务。
- 用额外的工作量分散用户/司机的注意力很危险。
- 偏离路线会带来压力，从而进一步分散注意力。

不得不干预并告诉系统重新计算路线，这干扰了用户最重要的任务，即驾驶。

对该准则的这种解释意味着，一方面，系统不要坚持留在当前的路线上而不管司机的行动，而是悄悄地允许司机临时绕道。与此同时，系统继续重新计算路线，以帮助司机最终到达目的地。

32.9　评估

评估准则旨在支持用户理解结果的信息显示和其他关于结果的反馈，如错误指示。评估和转换一样，是交互周期中认知可供性发挥重要作用的地方之一。

32.9.1　系统响应

系统响应可以包含如下要素。

- 反馈 (feedback)，到目前为止关于互动过程的信息。

■ 信息显示，结果计算的结果。

■ 前馈 (feed-forward)，关于下一步该做什么的信息。

例如以下消息："您输入的电话号码不被系统接受。请只使用数字重试一次。"

第一句话，"您输入的电话号码不被系统接受"，是对交互过程中一个小问题的反馈 (在交互周期的"评估"部分)。

第二句话，"请只使用数字重试一次。"是前馈，是交互周期中下一次迭代的"转换"部分的认知可供性。

32.9.2　系统反馈的评估

图 32.52 强调了交互周期的"评估"部分。用户为了理解其交互过程，关于错误和交互问题的反馈至关重要。反馈是用户知道是否发生了错误及其原因的唯一途径。在关于作为反馈的认知可供性的评估问题，以及关于作为前馈的认知可供性的转换问题之间，存在着很大的鸿沟，其中包括反馈在需要时的存在，通过有效的呈现来感知反馈，以及通过内容和意义的有效表示来理解反馈。

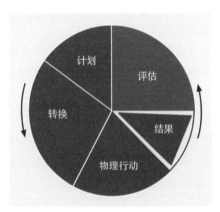

图 32.52
交互周期的"评估"部分

32.9.3　反馈的存在

图 32.53 强调了交互周期"评估"部分中的"反馈的存在"部分。这一部分是指要提供必要的反馈，让用户了解交互过程是否朝着计划的目标前进。

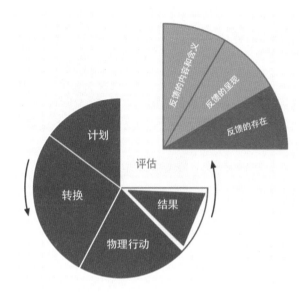

图 32.53
"评估"中反馈的存在

要为所有用户行为提供反馈。

对于大多数系统和应用，反馈的存在对用户来说至关重要；反馈使用户保持在正确轨道上。一个明显的例外是 Unix 操作系统，在该系统中，没有消息就是好消息。在 Unix 中没有反馈意味着没有错误。对于专家级用户，这种默契的积极反馈是有效的，而且不会受到频繁交互的干扰。但是，对于其他大多数系统的大多数用户，没有消息就是没有消息。

要为长时间操作提供进度反馈。

对于一个需要大量处理时间的系统操作，当系统仍在计算时，告知用户是非常必要的。用某种反馈作为进度报告，让用户了解功能或操作的进展，如完成了多少百分比。

示例：数据库系统对 Pack 操作的进展没有帮助

考虑一个 dbase 数据库应用程序的例子。用户一直在删除一个大型数据库中的大量记录。他知道，在数据库应用程序中，"删除"的记录实际只是被标记为删除，在执行 Pack 操作之前仍然可以取消删除。执行 Pack 操作才会永久删除所有标记为删除的记录。

在某个时间点，用户做了 Pack 操作，但似乎并不奏效。等待了似乎很长的时间后 (几秒钟)，他按下了 ESC 键，重新获得了对计算机的控制权。但现在系统的状态变得更混乱了。

事实证明，Pack 操作仍在进行，但没有向用户显示其进度。当系统仍在执行 Pack 功能时，按下 ESC 键可能会使情况处于不确定的状态。如系统让用户知道它实际仍在进行要求的 Pack 操作，用户就会老老实实地等它完成。

将请求确认作为一种干预性的反馈。

为防止代价高昂的错误，在进行潜在的破坏性行动之前，征求用户的确认是明智的。

但是，不要过度请求确认，不要令人生厌。

若即将进行的行动是可逆的，或者没有潜在的破坏性，还必须进行确认只会令人生厌。

32.9.4 反馈的呈现

图 32.54 强调了交互周期中"评估"部分的"反馈的呈现"部分，这一部分关于的通过有效设计反馈的呈现和外观来支持用户的感觉，如看、听或感觉。反馈的呈现关于的是反馈以何方式出现在用户面前，而不是它如何传达含义。反馈必须让用户感觉到 (例如看到或听到)，使用中才能对他们有用。

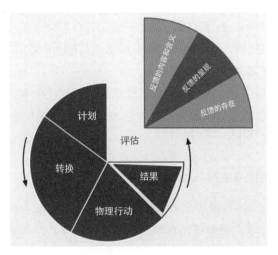

图 32.54
"评估"中反馈的呈现

在反馈的呈现中，通过有效的感官可供性来支持用户。

1. 反馈可见性

显然，反馈在需要时不能看到或听到的话，就不可能有效。

要使反馈可见。

设计师的工作是确保每个反馈实例在交互中都是可见的，只要有需要。

2. 反馈的显著性

要使反馈显著可见。

若需要的反馈存在且可见，下一个考虑就是它的显著性 (noticeability)，或者说被注意或感觉到的可能性。仅仅将反馈放在屏幕上还不够，特别是在用户不一定知道它的存在，或者不一定在寻找它的时候。

这些设计问题主要涉及提供支持，让用户能够知道。相关的反馈应在用户没有主动寻找它的情况下就能引起用户的注意。这方面的主要设计因素是位置，将反馈放在用户的关注焦点之内。它还涉及对比度、大小和布局的复杂性，以及将反馈从背景和其他杂乱的 UI 对象中分开。

要将反馈放在用户的关注焦点内。

在屏幕中间直接出现在用户关注焦点内的弹出式对话框，要比在屏幕顶部或底部的信息或状态栏更容易引起注意。

使反馈足够大以引起注意。

3. 反馈的易读性

要使让文本清晰易读、可读。

文字的可读性是指可辨识，跟内容是否能理解无关。字号、字体类型、颜色和对比度是主要的设计因素。

4. 呈现反馈时的复杂性

通过有效的布局、组织和分组来控制反馈呈现时的复杂性。

控制 UI 对象的布局复杂性，使用户轻松定位和注意到反馈。屏幕上的杂乱无章会掩盖需要的反馈。

5. 反馈时机

在恰当的时机出现或显示反馈，使用户在需要的时候注意到反馈。反馈要及时呈现，还要有足够的持久性；也就是说，反馈不要快闪一下即消失。

帮助用户提早检测错误情况。

示例：不要让他们惹上太多麻烦

一家本地软件公司要求我们检查他们的一个软件工具。在这个工具中，用户被限制在某些基于权限的功能子集上，而这些权限又是基于各种关键工作角色的。若用户不知道他们被允许使用哪些功能，就出现了一个对用户有很大影响的 UX 问题。

由于设计师假设每个用户都明白自己基于权限的限制，所以被允许深入浏览他们不应执行的任务结构。他们甚至能执行相应事务的所有步骤，但最后试图"提交"该事务时，会被告知他们没有权限完成该任务。换言之，所有的时间和精力都被浪费了。用户尝试保存他们的工作时，也许是程序检查权限的一个方便时机。但对于用户来说，最好能更早地意识到自己正走在错误的路线上，从而避免损失生产力。

6. 反馈呈现的一致性

在类似种类的反馈中保持一致的外观。

反馈要呈现在屏幕上的一致位置，帮助用户迅速注意到它。

7. 反馈呈现媒介

考虑为反馈的呈现提供适当的替代方案。

使用最有效的反馈呈现媒介。

考虑将音频作为替代方案。

在任务繁重或感官工作繁重的情况下，音频能比视觉媒体更有效地引起用户的注意。音频对于视力受损的用户来说也是一个好的替代方案。

32.9.5　反馈的内容和含义

图 32.55 强调了交互周期中"评估"部分的"反馈的内容和含义"部分。反馈的内容和含义代表必须传达给用户的知识，以有效地帮助他们理解行动结果和交互进展。这种理解是通过反馈中有效的内容和含义来传达的，它取决于反馈内容的清晰性、完整性、恰当的语气、以使用为中心和一致性。

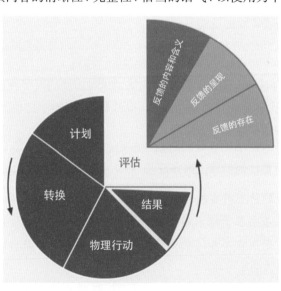

图 32.55
"评估"中反馈的内容 /
含义

通过反馈中有效的内容和含义来帮助用户理解结果。

使用户能通过理解反馈内容和含义来确定其行动结果。

1. 反馈的明确性

反馈一定要明确。

使用精确的措辞和精心选择的词汇，对反馈的内容和含义进行正确、完整和充分的表达。

支持对结果（系统状态变化）的清晰理解，使用户能评估行动效果。

要清楚地指出错误情况。

示例：不可用？

图 32.56 展示了一条错误信息，是早期版本 Microsoft Word "另存为"操作中出现的。这是一个典型的例子，在我们的学生中引起了大量讨论。UX 问题和设计问题远远超出了错误消息的内容。

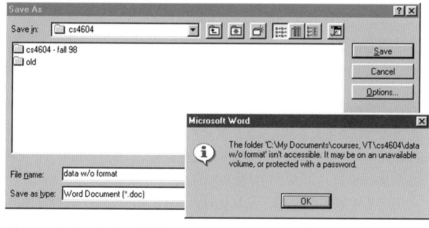

图 32.56
一条令人困惑的、似乎不相关的错误消息

在这个"另存为"操作中，用户试图保存一个含有无格式数据的文件，输入的文件名是 data w/o format。但生成的错误消息令人迷惑，因为它讲的是一个文件夹无法访问，原因是不可用的磁盘卷，或者是有什么密码保护。这对当前任务来说既不清楚，也毫不相关。

事实上，理解这条消息的唯一方法是理解关于"另存为"对话框的一些更基本的东西。根本原因是 File Name:（文件名）这个文本字段在设计进行了"重载"(overload)。一般会在这里输入一个文件名，存储到顶部的"Save in:"字段所指示的文件夹中。

*译注

既然是要求输入"文件名"的文本框，就只能输入文件名。若允许同时输入目录路径，就属于"重载"。

但一定会有设计师说："这对所有 GUI 的胆小鬼来说是挺好的，但我们之前的 DOS 用户军团，我们英勇的超级用户，他们想输入文件的完整路径怎么办？"所以，这个设计被重载了，支持接受文件的完整路径名。但与此同时，没有在标签中添加任何线索来揭示这一选项。由于路径名称包含作为专门的目录分隔符的正斜杠 (/)，同时文件名内的斜线不能被明确地解析，所以出错。

在我们对这个例子的课堂讨论中，学生们通常要花很长时间才能意识到，要在设计中解决这个问题，方案是在底部简单地增加第三个文本字段来消除重载，即"Full File Directory Path Name"(完整的文件目录路径名称)。文件名中的斜线仍然不能被允许，因为任何文件名都可以出现在路径名中。但至少现在，当文件名中的斜线确实出现在 File Name: 字段中时，可以显示一条简单的消息："文件名中不允许使用斜线"来明确指出真正的错误。

一个较新的 Word 版本通过在原错误消息中附加以下内容多少解决了该问题："… or the file name contains a \ or /"(或者文件名中包含 \ 或 /)[①]。

2. 准确措辞

通过准确的措辞来准确表达意思，支持用户对反馈内容的理解。不要以为反馈的措辞是 UX 设计中一个不重要的部分。

3. 反馈的完整性

充分表达含义来提供完整的信息，消除歧义，使之更精确和明确，从而支持用户对反馈的理解。针对每一条反馈消息主，设计师都要问："提供的信息足够吗？""是否用足够多的话区分了不同的情况？"

设计反馈信息时要完整；包括足够的信息让用户充分理解结果，并确信他们的命令是有效的，或者确定它为什么不成功。

认知可供性的表达应足够完整，使用户能充分理解其行动结果和交互过程的状态。

防止因犹豫不决、思索而导致的生产力损失。

如果不得不停下来思索反馈的含义，会导致生产力的损失。帮助用户迅速进入下一个步骤，即使下一步是从错误中恢复。

如有必要，添加补充信息。

短暂的反馈不一定最有效。如有必要，添加额外的信息，确保你的反

---

① 最新版本的 Word 会直接提示："文件名无效"。但也仅此而已。——译注

馈信息是完整和充分的。

提供充分的信息让用户清楚了解其交互过程的状态。

帮助用户了解真正的错误是什么。

提供足够的关于可能性或替代方案的信息，使用户能对确认请求做出明智的响应。

示例：快点选一个

图 32.57 展示了某个旧版本 Microsoft Outlook 的退出消息，这是没有提供充分信息让用户做出自信决定的例子。若用户试图在所有正在排队的邮件被发送出去之前退出 Outlook，就会显示该消息。

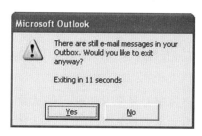

图 32.57
这个反馈（和前馈）没有提供充足的信息

用户第一次看到这条消息时，往往不知如何应对，因其没有告知两种选择的后果。"exiting anyway?"的后果是什么？如用户选择无论如何都退出，它是否仍会发送尚未发出去的邮件，或者这些邮件会丢失？人们肯定希望系统能继续发送邮件，但为什么要给出这个多余的消息？那么，也许我会丢失这些邮件？更糟的是，控制权将在 11 秒内被抢走，而且还在不断增加。这是多么粗鲁啊！

图 32.58 是同一条消息的更新版本，只是这一次，它给出了更多关于过早退出的影响的信息。但是，仍然没有说明退出是会导致邮件丢失，还是只是排队等待。

图 32.58
好了一点，但仍然帮助不大

4. 表达反馈时的语气

写反馈消息的内容时，很容易责备用户犯了一个"愚蠢"的错误。作为专业 UX 设计师，必须将自己从这些感觉中分离出来，将自己放在用户的立场上。你不知道错误消息是在什么情况下被接收的，但是错误的发生很可能意味着用户已经处于一种紧张的状态，所以不要用苛责、讽刺或轻蔑的语气来加重用户的痛苦。

设计反馈（尤其是错误消息）的措辞来产生积极的心理影响。

让系统来承担错误的责任。

要积极，要鼓励。

提供有用的、有内容的错误消息，而不是"可爱"的、无用的消息。

5. 反馈的以使用为中心

在显示、消息和其他反馈中采用以使用为中心的措辞，即用户和工作环境的语言。

我们提到，以用户为中心是对学生和一些从业人员来说经常显得不明确的设计概念。因为它主要是指使用用户工作环境的词汇和概念，而不是系统的技术词汇和环境，所以我们也许应该称之为"以工作环境为中心"(work-context- centered) 的设计。

图 32.59 展示了多年前我们中的一个人收到的真实的电子邮件系统反馈消息。它显然以系统为中心，而不是以用户或工作环境为中心。系统人员会争论说，这条消息中的技术信息对他们追踪问题的来源很有价值。

Mail Server Query

Results for hartson.cs.vt.edu

图 32.59
显然说的不是人话

send: invalid spawn id (6) while executing "send "1$pid\r"" (file "./genpid_query.pass" line 31)

但问题不在此，相反，这是一个邮件受众的问题。这个邮件是发给用户的，而不是发给系统人员的，而对于用户来说，这显然是一封不可接受的邮件。设计师必须寻求方法将正确的消息传达给正确的受众。一个解决方案是在这里给出一个非技术性的解释，并添加一个按钮，上面写"点击这里，向你的系统代表提供问题的技术描述"。然后，将这些专业术语留给系统人员。

下个例子的消息在某些方面是相似的，但在其他方面更有趣。

示例：又没纸了？

作为课堂练习，我们展示过如图 32.60 所示的计算机消息，要求学生对其进行评论。一些学生，通常是那些非工程专业的学生，从一开始就会有消极的反应。在正常讨论后，我们问全班学生他们是否认为这是以使用为中心。这通常会引起一些困惑和许多分歧。然后我们问了一个非常具体的问题：你认为这条消息真的是关于一个错误的吗？事实上，这个问题的正确答案取决于从哪个角度去看，而这个回答我们从未从学生那里得到过。

如果以系统为中心，答案是肯定的，这确实是一个错误；从技术上讲，当操作系统的错误处理组件收到来自打印机的中断时，出现了"错误情况"，标志着需采取行动来修复一个问题。软件系统人员用称为"错误处理例程"的进程来执行修复。所以，这样回答是正确的，但不绝对。

但从用户、使用或工作环境为中心的角度看，它百分之百不是错误。打印机用得多了，纸张会耗尽，此时必须加纸。所以，缺纸是正常工作流程的一部分。在总体的人机协作任务流程中，这是要由人来负责的一部分。从这个角度，我们告诉学生们结论是，作为一条发送给用户的消息，它是不可接受的；它没有以使用为中心。

我们认为，该练习是确定学生是否能以用户为中心进行思考的一个明确的试金石。我们的一些计算机专业的本科生从来没有明白这一点。他们固执地坚持自己的判断，认为既然有错误，向用户发送这条消息就是完全合适的。

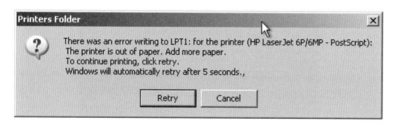

图 32.60
经典的以系统为中心"错误"消息

6. 反馈的一致性

反馈要一致。

在反馈的语境中，对一致性的要求与认知可供性的表达要求基本相同：为每个概念选择一个术语，并在整个应用程序中使用它。

用与起点（或出发点）和行动一致的方式来标注结果（或目标屏幕或对象）。

该准则是一致性的特例，适用于一个按钮或菜单选择将用户引向一个新屏幕或对话框，这是交互流程中的常见情况。该准则要求，在出发按钮标签或菜单选择中给出的目的地名称应与到达的新屏幕或对话框时的名称相同。下个例子是对这一准则的典型违反。

示例：我在正确的地方吗？

图 32.61 展示了一个旧的个人文档系统中两个窗口的叠加。底层窗口是一个菜单列表，列出了该文档系统中一些可能的操作。点击 Add New Entry(添加新条目) 会进入顶层的窗口，但该窗口的标题不是 Add New Entry，而是 Document Data Entry。对用户来说，这可能意味着同样的事情，但出发地使用的措辞是 Add New Entry。

在目的地发现不同的措辞，即 Document Data Entry，会让人感到困惑，也会对用户操作的成功性产生疑虑。设计师对此的解释是，顶层的目标窗口是由 Add New Entry 和 Modify/View Existing Entries(修改 / 查看现有条目) 菜单选项共享的目标。由于在窗口切换期间传递了状态变量，所以相应的功能被正确应用，只是用同一个窗口来执行处理。

因此，设计者选择了一个有点同时表示两种菜单选择的名字。我们的意见是，目标窗口的名称最终没有很好地代表两种选择，而使用两个单独的窗口只需要多花一点点精力。

图 32.61
目的地的标签不匹配出发地的标签

示例：目的地标签不匹配 Simple Search 标签

本例展示了一个 Simple Search(简单搜索) 标签，它出现在这个数字图书馆应用程序的大多数屏幕顶部，如图 32.62 所示。

如图 32.63 所示，点击该标签，将跳转到一个标有 Search all bibliographic fields(搜索所有书目字段) 的屏幕。

Simple Search   Advanced Search   Browse   Register   Submit to CoRR

Simple Search   Advanced Search   Browse   Register   Submit to CoRR

图 32.62
数字图书馆应用程序屏幕
顶部的 Simple Search 标签

Search all bibliographic fields

Search for	
Group results by	Archive ▼
Sort results by	Relevance ranking ▼

Search

图 32.63
但它引向的是 Search all
bibliographic fields，两者
不匹配

我们不得不得出结论，Simple Search 标签上的出发地标签和目的地标签 Search all bibliographic fields 不够匹配，因为我们观察到用户在到达时表现出惊讶，不确定他们是否已经到达了正确的地方。我们建议对 Simple Search 功能目的地标签的措辞稍作修改，加入原有名称 Simple Search，同时不必牺牲目的地标签中的附加信息 Search all bibliographic fields，如图 32.64 所示。

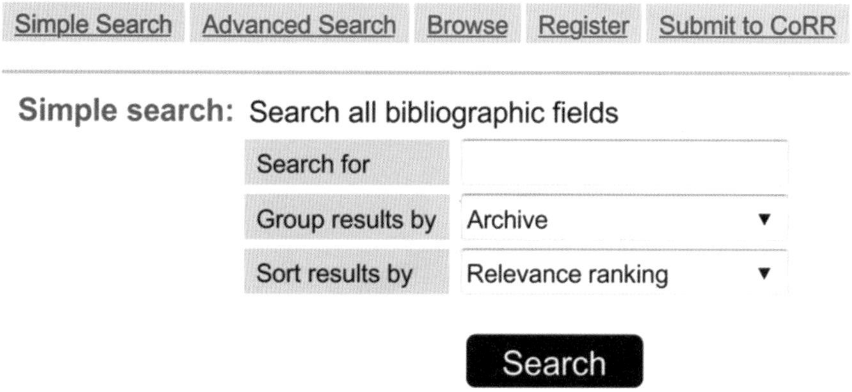

Simple Search   Advanced Search   Browse   Register   Submit to CoRR

Simple search: Search all bibliographic fields

Search for	
Group results by	Archive ▼
Sort results by	Relevance ranking ▼

Search

图 32.64
为目的地标签添加 Simple
Search: 来修复问题

图 32.65 展示了我为弗吉尼亚理工大学的网络基础设施和服务部门设计的一个网络服务工具中的出发和到达标签匹配的例子。

注意，第一个屏幕中的按钮标签 Add Announcement(添加公告) 的措辞与后续屏幕的标题中的措辞一致。

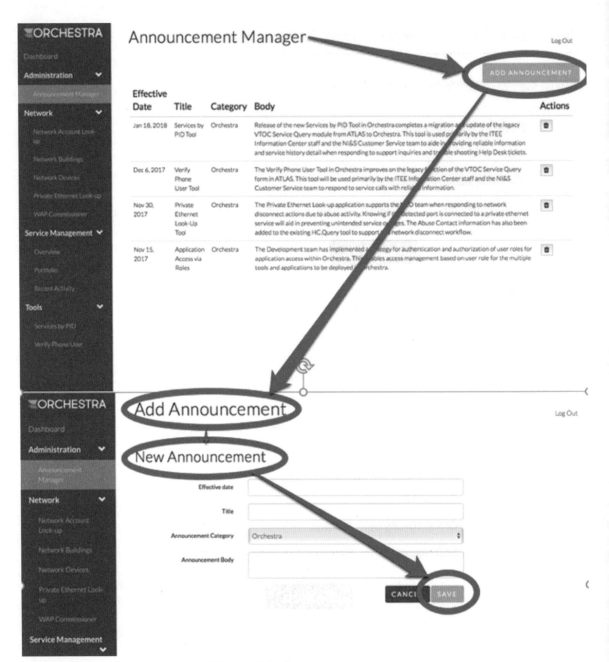

图 32.65
在一个网络服务工具中匹
配出发和到达标签

7. 让用户控制反馈细节

要合理组织反馈以便于理解。

有大量反馈细节时，最好不要一下子把所有信息都给用户，这会让他们不知所措。相反，应该先给出最重要的信息，确定情况的性质，并提供控制措施，使用户能根据需要要求获得更多细节。

为用户提供对反馈的数量和细节的控制。

一开始只提供最重要的信息；根据需要提供更多信息。

32.9.6 信息显示的评估

1. 组织信息以便呈现

组织信息显示以便理解。

有许多书都在讲信息可视化和信息显示设计的主题。其中，Tufte(1983, 1990, 1997) 的作品可能是最著名的。我们不打算在这里重复这些材料，希望感兴趣的读者自行查阅。但是，可以提供一些简单的准则，帮助你在展示结果时正常地呈现信息。

消除不必要的措辞。

相关的信息要分为一组分组。

控制显示密度；使用空白来衬托。

分栏比宽行更易读。

该准则正是报纸为什么要分栏印刷的原因。

有一个在信息显示设计中控制复杂性的"咒语"(Shneiderman & Plaisant, 2005, p.583)：

- 先概述 (Overview first)
- 缩放和筛选 (Zoom and filter)
- 按需提供细节 (Details on demand)

示例：神奇的火车之谜

欧洲的火车乘客会注意到进入的乘客在争夺面向旅行方向的座位。乍看起来，这只是和人们在汽车和公交汽上的习惯有关。但是，我们采访的一些人对此有更强烈的感受，说他们真的不习惯向后行驶，而且那样看不到那么多风景。

我们相信，坐在两个座位上的人看到的是同样的东西。但为了一探究竟，所以做了一个小小的心理实验，比较了我们自己从两边的用户体验。最开始，将火车窗外的景色作为一种信息显示。

不过，就带宽而言，这似乎并不重要；可查看的信息总量是相同的。所有乘客看到的东西都是一样的，他们看到每样东西的时间也是一样的。

* 译注

美国国家工程院院士，
CHI 终身成就奖得主，用
户界面设计和数据可视化
领域的重量级人物，提出
了交互设计的八大黄金
法则：
- 一致性
- 常用快捷方式
- 提供有用信息反馈
- 设计流程时需要设计
  一个完成提示
- 提供简洁的错误操作
  解决方案
- 允许撤销操作
- 用户要有掌控感
- 减少记忆负担

然后，我们想起了本·施耐德曼 (Ben Shneiderman)[*]在信息显示设计中控制复杂性的规则 (参见前面的讨论)。

将这一准则应用于火车窗外的景色，我们意识到，一个向前行驶的乘客正朝着视野中的东西移动。这个旅客首先看到的是远处的概况，选择自己感兴趣的方面，然后随着火车的行驶，放大这些方面，了解其细节。

相比之下，一个向后行驶的乘客首先看到的是特写的细节，然后放大并淡化为远处的全景。但这种特写镜头并不十分有用，因为它来得太快，没有一个焦点。当乘客发现感兴趣的东西时，放大它的机会已经过去；它已经越去越远了。其结果可能是一个令人不满意的用户体验。

2. 信息显示的视觉带宽

限制用户感知和处理显示信息能力的因素之一是显示媒介的视觉带宽。如果谈论的是一般的计算机显示器，就是必须用空间非常小的显示屏来呈现我们所有的信息。这个小是相对而言的，比如和报纸相比。

展开后，一份报纸的面积是普通电脑屏幕的许多倍，显示信息的能力也是许多倍。而且读者 / 用户可以更迅速地扫描或浏览报纸。像 Amazon Kindle 和 Apple iPad 这样的阅读设备对于阅读和翻阅单页书来说相当不错，但它们缺乏真正的纸质书所提供的"翻阅"页面以进行阅读或扫描的视觉带宽。

加快滚动和分页的速度确实有帮助，但也很难超越纸质书的浏览带宽。读者可以把手指放在报纸的一页上，扫描另一个页的重要报道，然后毫不费力地闪回"加了书签"的页面进行详细阅读。

示例：视觉带宽

在我们的 UX 课上，曾经有一个课堂演示来说明这个概念。我们开始用印有一些文字的纸张。然后给学生一组纸板，尺寸和纸张相同，但每个纸板都有一个较小的开口，他们必须通过这个开口来阅读文字。

其中一个有狭窄的垂直开口，读者必须在页面上水平扫描 (或滚动)。另一个有上下高度有限的水平开口，读者必须垂直地上下扫描页面。第三种是在中间开一个小方块，垂直和水平方向只有有限的视觉带宽，要求用户同时在两个方向滚动。

　　为了在电脑屏幕上达到同样的效果，可调整窗口大小，并相应调整宽度和高度。例如在图 32.66 中，可看到水平视觉带宽很有限，需要过多的水平滚动来阅读。在图 32.67 中，可看到垂直视觉带宽很有限，需要过多的垂直滚动来阅读。在图 32.68 中，可看到水平和垂直视觉带宽都有限，需要在两个方向过多的滚动。学生们很容易得出结论，任何视觉带宽的限制，加上必要的滚动，都是"阅读信息显示"任务的一个明显的障碍。

图 32.66
有限的水平视觉带宽

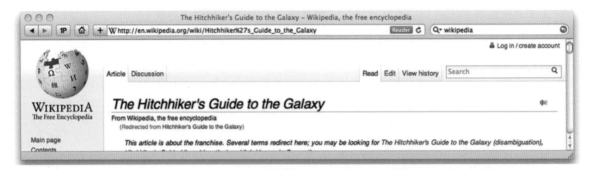

图 32.67
有限的垂直视觉带宽

图 32.68
有限的水平和垂直视觉带宽

32.10 总体准则

本节以一套适用于总体 UX 设计而不是与交互周期的某一特定部分相关的准则来结束这一章。

32.10.1 总体简单性

正如 Norman(2007b) 所指出的那样，大多数人认为产品的"简单"是指产品具有所有的功能，但只需一个按钮就可以操作。他们的观点是，人们真正想要的是功能，只是他们口头上说的是想要简单。至少对于消费类电器来说，这一切都是为了营销，而营销人员知道，功能才是卖点。而更多的功能意味着更多的控制。

Norman(2007b) 说，即使产品的设计将一些功能自动化得足够好，以至于需要更少的控制，人们还是愿意为有更多控制的机器付出更多。用户不愿意放弃控制。另外，更多的控制给人以更多力量、更多功能和更多特性的感觉。

但是在你用来完成工作的电脑中，复杂性可能成为生产力的障碍。我们的愿望是在不牺牲 UX 的情况下实现完整的功能。

不要试图通过减少有用性来达到表面上的简单性。

一家知名的网络搜索服务提供商为了寻求更好的使用便利性，"简化"了他们的搜索页面。不幸的是，他们这样做并没有真正理解简化的含义。他们只是减少了功能，但没有做任何事情来提高剩余功能的可用性。其结果是一个不太有用的搜索功能，而用户仍然要弄清楚如何使用它。

组织复杂的系统，使最频繁的操作变得简单。

有的系统不可能完全做到简单，但仍可通过设计使一些最常用的操作或任务尽可能地简单。Isaacson(2012) 深入阐述了简单性在 Steve Jobs 的设计理念中的作用。对用户来说，简单性往往来自对最微小细节的关注。

Honan(2013) 告诉我们在设计中实现简单性的简单方法：要有勇气去除层次和功能，而不是增加它们。"简单不仅仅是卖点，它还能坚持下去。简单使得 Nest 恒温器、Fitbit 和 TiVo 大受欢迎。简单使得苹果起死回生。它是你想留下 Netflix 的原因。"

示例：哦，不，他们把电话系统改了！

几年前，我们大学开始使用一种特殊的数字电话系统。它有，而且现在仍然有，大量的功能。大学里每个人都被要求参加为期一天的关于如何使用新电话系统的研讨会。大多数员工都表示反对，拒绝参加学习如何使用电话的研讨会——这毕竟是他们一生都在使用的东西。

他们收到了一份 50 页的用户指南，题为 "Excerpts from the PhoneMail System User Guide"(PhoneMail 系统用户指南节选)。50 页，还是节选；谁会去读这个？答案是，几乎每个人最后都必须要读，至少是其中一部分，因为设计师的做法是让所有功能都同样难做。人们每天必须使用的 10% 的功能与其他 90% 的功能一样神秘，而后者是大多数人永远用不到的。

几十年过去了，人们还是不喜欢那个电话系统，但没有办法，他们已经被绑架了。

32.10.2　总体一致性

从历史上看，"要一致"是有史以来最早的 UX 设计准则之一，也可能是最常被引用的。事情在一个地方的工作方式和在另一个地方的工作方式一样，这在逻辑上合理。

但是，当 HCI 研究人员多年来仔细观察 UX 设计中的一致性概念，许多人得出结论，在具体的设计中往往很难将其确定下来。Grudin(1989) 证明，这个概念很难定义 (p. 1164)，也很难在设计中确定，结论是该问题没有多少实际意义。支持易学性的转换效应 (transfer effect) 可能与易用性相冲突 (p. 1166)。在为生态而设计的背景下，跨设备的一致性被更重要的问题压倒，比如在用户跨越设备边界时保持使用环境 (Pyla, Tungare, & P´erez-Quiñones, 2006)。而盲目遵从而不是针对具体使用环境对规则进行解释，会导致愚蠢的或不理想的一致性，如下例所示。

以类似的方式做类似的事情，做到前后一致。

示例：应该寄到哪个国家？

假设一个应用程序的所有下拉菜单中的选项都按字母顺序排列，以便快速搜索。但有一个下拉菜单是在一个用户输入邮寄地址的表单中。表单中的一个字段是"国家"，下拉列表包含几十个条目。由于该网站的大多数客户都在美国，所以如果将"美国"放在下拉列表的顶部，而不是放在按字母排序的列表的底部，使用起来就会更方便，即使这和应用程序其他所有下拉菜单都不一致。

在不同屏幕上使用布局 / 位置一致的对象。

维护自定义样式指南以支持一致性。

1. 结构化一致性

我们认为 Reisner(1977) 在数据库查询语言的背景下帮助澄清了一致性的概念，创造了"结构一致性"(structural consistency) 这个术语。在提及查询语言的使用时，结构一致性就是要求用类似的语法 (措辞或用户行动) 来表示类似或相关的语义。所以，在我们的语境中，两个相似功能的认知可供性的表达也应该是相似的。

但在某些情况下，一致性会对可区分性产生影响。例如，如果一个设计包含两种不同的删除功能，一种在应用程序中经常用来删除对象，另一种则比较危险，因其针对的是更高层次的文件和文件夹。为安全起见，对这些删除功能进行显著的区分，可能比使它们相似的准则更重要。

为结构相似的对象和功能使用结构相似的名称和标签。

示例：下一个和上一个

一个简单的例子是常见的"下一个"(Next) 和"上一个"(Previous) 按钮。例如，在一个在线图片库的图片之间进行导航时，就可能出现这样的按钮。虽然两个按钮含义相反，但都是一种类似的东西；它们是对称的、结构上相似的导航控件。

所以，它们应以类似的方式进行标注。例如，如果写成"向前"和"上一张图片"，从语言学的角度看就不那么对称，也不那么相似。

2. 一致性并不绝对

许多设计情况都存在多个一致性问题；有时，它们会牺牲自己来成全对方。我们有一个很好的例子来说明。

示例：可以给你配一把螺丝刀吗？

以多用途螺丝刀的情况为例，这些螺丝刀在处理不同尺寸和类型的螺丝时很方便。特别是，它们都提供了平头和十字头，而且每种刀头都有大小两种尺寸。

图 32.69 展示了这种所谓的"四合一"螺丝刀中的两把。讨论一致性问题的时候，我们把这样的螺丝刀带到了课堂上，与学生进行课堂练习。我们首先向全班展示螺丝刀，并解释刀头如何互换，以获得所需的刀头类型和尺寸组合。

接着，我们挑选一名志愿者拿着这些工具中的一个进行研究，然后向全班讲述其设计中的一致性问题。他们把它拆开，如图 32.70 所示。

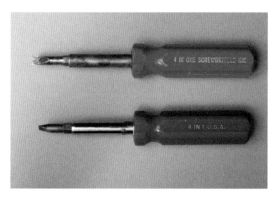

图 32.69
多用途螺丝刀

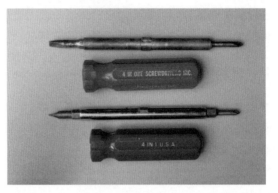

图 32.70
两把螺丝刀的内部揭示
组件

　　结论总是说这是一个一致的设计。我们让另一名志愿者研究另一把螺丝刀，总是得出同样的结论。然后，我们向全班同学展示这两种设计之间的差异。当你比较每个工具两端的刀头时，这些差异就会变得很明显，如图 32.71 所示。

　　一个工具的刀头类型是一致的，在一个可插入的部件上有大小两个平头，在另一个部件上则有两个十字头。另一个工具在尺寸上也一致，一个可插入的部件上有两个大头，另一个上有两个小头。

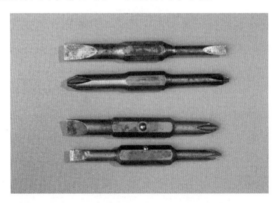

图 32.71
两套刀头

　　我们现在问他们是否仍然认为每个设计都是一致的，他们确实如此。它们都是一致的；它们都有产品内部的一致性。任何一个都不比另一个更一致，但各自以不同的方式保持一致，彼此之间并不一致。

　　设计中的一致性应有助于可预测性，但在这个例子中，由于有不止一种方式可以保持一致，所以仍然缺乏产品之间的一致性，也不一定能得到可预测性。这就是解释和应用这个看似简单的设计准则所存在的一个困难。

3. 一致性可能影响创新

　　最后的警告：虽然样式指南有利于一致性和重复使用，但请记住它也可能成为创造性和创新的障碍 (Kantrovich, 2004)。始终如一并不一定是件好事。需要为了创新而打破一致性的时候，就要抛开限制和障碍，发挥创造力。

32.10.3　减少摩擦

最近一个关于不良可用性的术语是"摩擦"。一个定义是："在用户体验中，摩擦被定义为抑制人们在数字界面中直观、无痛地实现其目标的交互行为"[①]，"无摩擦的 UX 已成为新的标准"。它的部分要求是在使用研究中捕捉完整的用户 / 客户旅程。或许最重要的是理解并为整个生态环境而设计，而非仅仅是为任务和设备而设计。

示例：没有摩擦的苹果

戴维·伯格 (David Pogue) 在他的《科学美国人》TechnoFiles 专栏中，举了一个生态中低摩擦的好例子 (Pogue, 2012)："几个月前，我在纽约的一个大型苹果商店。我想为我儿子的 iPod Touch 买一个外壳。但当时是 12 月 23 日。到处都是人，我很羡慕沙丁鱼。幸运的是，我知道一些大多数人不知道的事情：可以从货架上拿起一件商品，用我的 iPhone 扫描，然后直接走出去。多亏了免费的 Apple Store 应用，我不用排队，甚至不用找店员。购买的商品立即计入我的苹果账户。我不到两分钟就搞定了。"

32.10.4　幽默

要避免冷笑话。

冷笑话通常不起作用。幽默很容易做得不好，而且很容易被用户误解。你可能坐在办公室里感觉很好，想写一个可爱的错误信息，但收到信息的用户可能很累，压力很大，他们最不需要的就是一个糟糕的笑话的刺激，尤其是假如这不是他们第一次受到这种刺激。

32.10.5　拟人

简单地说，拟人 (anthropomorphism) 是指将人类的特征赋予非人类的物件。我们每天都在这样做；这是一种幽默的形式。你会说："我的车子今天生病了，"或者"我的电脑不喜欢我，"每个人都能明白你的意思。但在 UX 设计中，上下文通常是要完成工作，而拟人可能不太被喜欢。我们可以为拟人提供支持和反对的理由。先从反对的理由开始。

[①]　https://www.dtelepathy.com/blog/business/strategic-ux-the-art-of-reducing-friction

1. 避免拟人

在 UX 设计中避免使用拟人。

Shneiderman and Plaisant (2005, pp.80, 484) 说，如果一个计算机模型让人相信它们能以人类的方式思考、知道或理解，那就是错误的，不诚实的。当欺骗行为被揭露时，它就会破坏信任。

避免在系统对话中使用第一人称讲话。

"对不起，但我找不到你需要的文件"，这比"找不到文件"或"文件不存在"更不诚实，也更没有信息量。如果必须说明找不到文件的原因，可通过使用第三人称 (软件) 来减少拟人化，例如"Windows 无法找到创建该文件的应用程序"。这条准则敦促我们特别要避免使用第一人称进行可爱的闲聊和过度友好，正如我们在下一个例子中看到的那样。

示例：谁在那里

图 32.72 是某数据库系统在提交了一个搜索请求后的信息。忽略这个对话框和消息其他明显的 UX 问题，大多数用户认为这种第一人称的使用是不诚实的、侮辱人的、不必要的。

图 32.72
这条消息试图使计算机像
一个人

避免居高临下地提供帮助。

就在你认为所有的希望都破灭的时候，Clippy 或 Bob 出现了，你的个人办公助理或者有帮助的代理人。多么具有侵入性和讨好性啊！大多数用户不喜欢这种曲意奉承的态度。在你希望得到真正的帮助时，只到的只是一些甜言蜜语。

人们预期其他人能比机器更好地解决问题。如果交互对话将机器描绘成一个人，用户会有更多的期待。但实际不能提供时，这就是过度承诺。下面的例子很可笑，也很可爱，但它也说明了我们的观点。

示例：不是吧，大眼夹，你能做得更好的

显然，图 32.73 的弹出式"帮助"不是一个真实的例子，但这种弹出式窗口一般都会有干扰性。在真实使用环境中，大多数用户都希望能设计得更好。

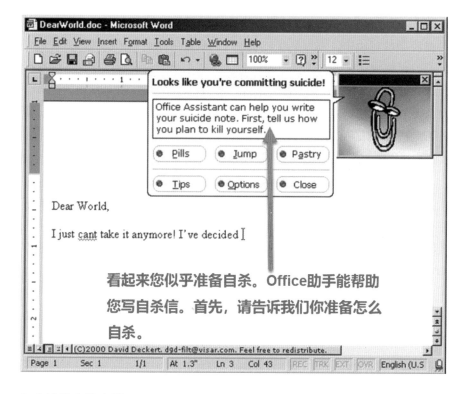

看起来您似乎准备自杀。Office助手能帮助您写自杀信。首先，请告诉我们你准备怎么自杀。

图 32.73
我只是太想帮忙了

2. 支持拟人的案例

另一方面，Murano(2006) 证明，在某些情况下，拟人的反馈比同等的非拟人反馈更有效。他还根据人类对计算机的潜意识社会行为，提出了为什么用户有时更喜欢拟人反馈的理由。

在 Murano(2006) 的第一项研究中，他探索了用户对语言学习软件的反应，该软件使用语音识别来进行语音输入和输出。用户得到了了拟人的反馈，采用的形式是动态加载和软件激活的真实语言导师的反馈视频片段。

在这种软件使用情况下，其目标和交互与从人类语言导师那里的获得的预期非常相似，"统计结果表明，拟人的反馈更有效。用户能通过拟人的反馈更有效地自我纠正他们的发音错误。此外，很明显，用户更喜欢拟人的反馈"。正面的结果并不令人惊讶，因为这种应用使用了非常接近于自然的人与人之间的交互的人机交互。

在另一项研究中，Murano(2006) 确定，对于寻找方向的任务，地图加一些指导性的文字比使用人类口头指示的视频片段的拟人反馈更有效，用户的偏好几乎是平均的。底线是，某些应用领域比其他领域更适合拟人交互。

Reeves and Nass(1996) 的著名研究试图回答这样一个问题：为什么在某些类型的应用中，拟人交互对某些用户来说可能更好。他们的结论是，人们自然倾向于采用与人交互时的社交方式与计算机交互，前提是通过自然的语言对话来提供反馈 (Nass, Steuer, & Tauber, 1994)。如计算机的输出以社交方式对待他们，人们就会以社交方式对待计算机。当然，对于专门设计用来进行聊天和以其他方式表现得像一个生命体的系统，如 Apple Siri 和 Amazon Alexa，赞成拟人的理由是很强的。

虽然用社交方式进行交互似乎确实有效，也是那些具有人与人之间对应关系的任务的用户所希望的，其中包括自然语言学习和师生之间的辅导等任务，但在成千上万其他类型的任务中，相互的社交风格和拟人交互不太可能有一席之地，这些任务才是现实中使用计算机时执行的主要任务，包括安装设备驱动软件，创建文本文档，更新数据电子表格等。

这里的底线在于，要谨慎对待拟人。计算机终非人。最终，人们的期望将无法得到满足。特别是在商业和工作环境中使用计算机来完成工作的时候，我们预计用户很快就会厌倦拟人化的反馈，尤其是假如它很快就因为缺乏变化而变得无聊的时候。毕竟，此 AI 非彼 AI；机器要变得真正"智能"，还有很长一段时间要走。

32.10.6   语气和心理影响

在对话中使用一种支持积极心理影响的语气。

避免使用暴力、消极、贬低的词汇。

避免使用具有心理威胁的术语，如"非法"(illegal)、"无效"(invalid) 和"中止"(abort)。

避免使用"hit"，改为使用"press"（按）或"click"（点击）。

32.10.7   声音和颜色的使用

"颜色是设计师工具箱中最强大的工具之一。可以用颜色来影响用户的情绪，吸引他们的注意力，并使他们处于正确的心态来进行购买。它也是客户对品牌认知的主要因素之一。"(Alvarez, 2014)

避免显示中有恼人的声音和颜色的刺激。

耀眼的颜色、闪烁的图形和刺耳的声音不仅令人讨厌，而且会对用户长期的生产力和用户体验产生负面影响。

对于颜色的使用，要保守。

在设计中，不要指望用颜色来传达很多信息。最好的建议是先用黑白两色来呈现设计，看看它在不依赖颜色的情况下的效果。例如，这将排除一些用户由于不同形式的色盲而产生的可用性问题。

使用柔和而不是明亮的颜色。

明亮的颜色起初看起来很吸引人，但很快就会导致注意力分散、视觉疲劳和厌恶。不过也有例外，网站上明亮的颜色令人难忘 (Alvarez, 2014)。

要注意颜色惯例 (例如，避免使用红色，除非紧急事务)。

同样，颜色的惯例超出了我们的范围。它们很复杂，而且不同的国际文化有不同的惯例。在西方文化中，一个明确的惯例是对红色的使用。除了非常有限的紧急情况，红色，尤其闪烁的红色，是对人的一种警告，会产生刺激性和分散注意力。

互补色方案 (例如，红 / 绿、蓝 / 橙、紫 / 黄) 是令人振奋的 (Alvarez, 2014)。

红色与危险、饥饿、速度有关。所以，快餐店的网站包括后两种因素 (Alvarez, 2014)。

蓝色和绿色的色调是平静的 (Alvarez, 2014)。

低色彩对比度可以带来美感，但高色彩对比度更容易阅读 (Alvarez, 2014)。

示例：我这是在海里吗？

图 32.74 是北卡罗莱纳州外滩的地图。我们一直无法轻松地使用这张地图，因为它违反了地图中根深蒂固的颜色惯例。在地图中，蓝色几乎总是用来表示水，而灰色、棕色、绿色或类似的东西用来表示陆地。但在这张地图中，深蓝色被用来表示陆地，在这张地图中，陆地和海洋一样多，所以导致用户在认知上出现断层，觉得困惑，难以确定方向。

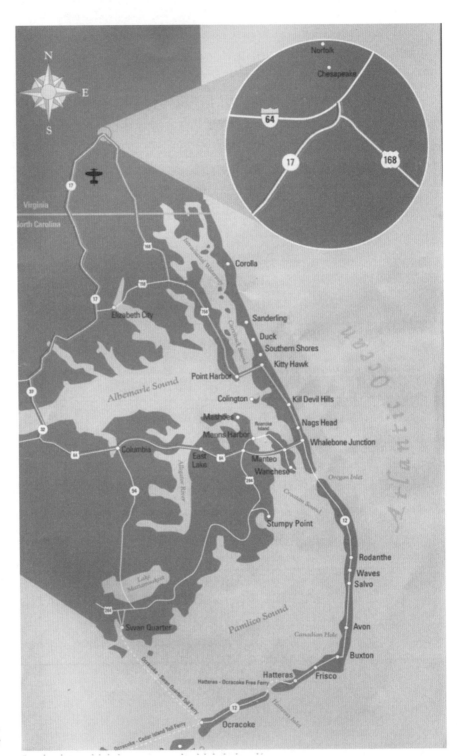

图 32.74
外滩 (Outer Banks) 地图。
但哪些是水，哪些是陆地？

注意红色和蓝色的对焦问题。

Chromostereopsis(色变) 是人类在看到含有大量纯红色和纯蓝色的图像时所遇到的一种现象。由于红色和蓝色处于可视光谱的两端，并以不同的频率出现，它们在眼睛内的聚焦深度略有不同，而且看起来离眼睛的距离也不同。图像中相邻的红色和蓝色会导致用于聚焦眼睛的肌肉摆动，在这两种颜色之间来回移动，最终导致模糊和疲劳。

示例：玫瑰是红色的，紫罗兰是蓝色的

图 32.75 的蓝色和红色斑块靠得较近。如果书的色彩还原度很高，一些读者在看这幅图时可能会感觉到色变。

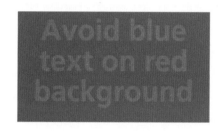

图 32.75
色变：人眼对于红蓝两色的焦点在不同的深度上

在颜色设计方面借助于专业人员。

颜色在设计中的运用是一个复杂的话题，现在有大量研究和实践出版物，远远超出了本书的范围。请从一些经典作品中了解更多信息 (Albers, 1974; Christ, 1975; Nowell, Schulman, & Hix, 2002; Rice, 1991a, 1991b)。

Bera(2016) 指出了在 UX 设计中滥用颜色的危险。对颜色的选择往往直接交给软件开发人员，而且他们经常会不加选择地使用。"过度使用或误用颜色的商业仪表盘会导致用户的认知过载，然后需要更长时间来做出决定。"颜色的运用会不必要地吸引观众的注意力，导致他们去寻求不存在的意义"。一个可能的解决方案是在 UX 设计师和软件开发者工具中构建智能配色功能 (Webster, 2014)。

色彩和品牌建设。品牌建设关于的是激发人们对产品或品牌的情感。

除了这种商业或组织上的限制，设计中对于色彩的运用有太多的考虑，在此无法一一覆盖。色彩在视觉设计中的使用涉及许多复杂的心理因素，而且色彩的"标准"也很复杂，并会因国际文化惯例而不同。这个话题值得单独一本书或一门课。

32.10.8　文本易读性

很明显，如果文本难以辨认，就无法传达预期的内容。

使文本的呈现清晰易读。

使字体大小对所有用户都足够大。

使用与背景的良好对比。

同时使用颜色和强度来提供对比。

大量文本要混合大小写。

避免太多不同的字体和字号。

使用易读的字体。

文本要使用除蓝色以外的颜色。

人类的视网膜很难聚焦在纯蓝色上进行阅读。

适应感官上的残疾和限制。

支持有视觉障碍、色盲的用户。

32.10.9　用户偏好

允许用户设置偏好选项来控制视觉呈现时的参数。

让用户能控制音量大小、闪烁、颜色等。特别是视力受损的用户，需要偏好设置或选项来调整应用程序显示的文本大小，而且可能要听到文本的替代音频版本。

32.10.10　适应用户差异

我们说过，关于无障碍性 (可访问性) 的论述不在我们的范围之内，这些在文献中已进行了很好的讲述。尽管如此，所有 UX 设计师都应注意满足有特殊需求的用户的要求。

通过偏好来适应不同水平的专业知识 / 经验。

我们大多数人都在办公室或保险杠贴纸上见过这个标志：引领，跟随或者让开 (Lead, follow, or get out of the way)。在 UX 设计中，可以稍微修改一下：引领，跟随并且让开 (Lead, follow, and get out of the way)。

用足够的认知可供性引领新手用户。

用大量反馈来跟踪间歇性或中级用户，使他们保持在正确轨道上。

不要挡住专家用户的路；不要让认知可供性干扰他们的物理行动。

Constantine(1994b) 提出了为中间用户设计的理由，他称这是最被忽视的用户群体。他声称中级用户比初学者或专家更多。

不要让针对新用户的认知可供性成为有经验的老用户的障碍。

虽然认知可供性为没有经验的用户提供了必要的支架，但对纯粹的生产力感兴趣的专家用户需要有效的物理可供性和少量的认知可供性。

32.10.11　帮助要真的有帮助才行

通过"帮助"来提供真正的帮助。

不要以为有个"帮助"就万事大吉。对于那些和我们一样有扭曲的幽默感的人来说，可以引用 Dirk Gently(Adams, 1990, p.101) 电子易经 (I Ching) 计算器的手册作为一个也许不是那么有用的帮助的例子。当主人公向计算器求助于一个紧迫的个人问题时，这本小小的说明书建议他只需"全神贯注"于"困扰"他的问题，把它写下来，思考它，享受寂静，然后一旦达到内心的和谐与宁静，就应该按下红色按钮。实际上，并没有一个红色的按钮，但有一个标有"红色"的蓝色按钮，Dirk 认为这就是那个按钮。

有意思吗？有；有帮助吗？没有。请注意，它在结尾处还提到了一个有趣的关于一致的认知可供性的小问题。

32.11　总结

慎用准则。

使用准则时要仔细思考和解释。在应用中，准则可能发生冲突和重叠。

准则并不能为高质量的用户体验打包票。使用准则并不能消除对 UX 测试的需求。按准则进行设计，不要按政治或个人意见。

背景：可供性、交互周期和 UX 设计准则

33.1 本章涉及参考资料

本章包含与第 VII 部分其他主章相关的参考材料。不必通读，但每一节的主题在被其他主章提到时都应该读一下。

33.2 可供性概念简史

谁"发明"可供性的概念？当然，我们都知道是唐·诺曼，然而，事实并非如此。

唐·诺曼 (Donald Norman) 率先将可供性概念引入 HCI 和 UX，他在 1988 年出版的《日常事物的设计》一书中使用了这个术语。他是一名心理学家，并且正看到准了使用和可用性和心理学的关系。但是，他的书的真正重点是设计。无论如何，诺玛都不是第一个使用"可供性"一词的人。

詹姆斯·吉布森 (J. J. Gibson) 声称谁率先使用了某个术语总是有风险的，但是我们认为在这个案例中是他比它在 HCI 中出现的时间早了十多年。1977 年，他写了一篇关于可供性理论的文章 (Gibson, 1977)，随后又写了一本完整的关于视觉感知的生态学方法的书 (Gibson, 1979)。

作为一名生态心理学家，吉布森认为动物的感知，特别是人类的感知，与环境密切相关——即构成动物生存环境的物体以及它们如何为动物提供

不同的能力。所以，从这个角度来看，可供性是一个人的环境中帮助他们在生活中做他们需要的事情的东西。

他举的一个最简单的例子是，想想地面的坚硬表面。如果它能支撑我的重量，就能让我在那块地上站立或坐下。这就是吉布森的可供性概念。

还有就是威廉·盖佛 (William Gaver)。除了吉布森和诺曼之外，Gaver(1991) 也对我们关于可供性的思考产生了影响。Gaver(1991) 认为设计中的可供性是一种关注技术优点和缺点的方式，即它们为使用它们的人提供的可能性。

他对概念进行了扩展，展示了复杂的行动如何通过可供性的组别，即在时间上的顺序和 / 或在空间上的嵌套来描述。展示了可供性如何随时间的推移，随用户的连续操作而显现 (例如，在一个层次化下拉菜单的多个动作中)。Gaver(1991) 对他自己的术语的定义与吉布森或诺曼的有些不同。

McGrenere and Ho(2000) 是对我们工作的另一个重要影响，但他们使用了不同的术语，然后将其与盖佛的词汇进行比较，表明需要一个更丰富、更一致的标准词汇。现在，关于可供性的文献继续增长。例如，它在 2012 年的 CHI 会议上占据了突出位置，该会议是 HCI 和 UX 的年度会议。

McGrenere and Ho(2000) 也需要根据盖佛的术语来校准他们的术语，这进一步表明了在没有结构化的理解和更一致的词汇的情况下讨论这些概念的困难。

在大多数相关文献中，认知可供性 (无论在某篇论文中如何称呼) 的设计都被认为是关于可用性的认知部分 (cognitive part of usability) 的设计，即对于新用户和间歇性用户 (他们最需要为如何做某事提供帮助) 的易学性。所有提到可供性的作者都给出了他们自己对这个概念的定义，但是除了认知可供性之外，很少有人提到例如物理可供性的设计。

物理可供性
physical affordance

一种设计特性，它帮助、辅助、支持、促进或实现对某个事物执行物理操作：点击、触摸、指向、手势和移动 (30.3 节)。

感官可供性在文献中被忽视的情况更多。其他大多数作者只是含蓄地将感官可供性和 / 或认知可供性混在一起，而不是把它当作一个单独的、明确的概念。所以，当这些作者谈到感官可供性时，包括 Gaver(1991) 和 McGrenere and Ho(2000) 所用的短语 "一种可供性的可感知性"，他们指的是 (用我们的话说) 通过感知可供性和认知可供性来组合对物理可供性的感知 (例如，看到) 和理解。

当盖佛说 "人们直接以行动的潜力来感知环境" 时，他也提到了这种可供性的组合。相比之下，我们对 "感觉" (sense) 一词的使用明显偏向于通过感官输入 (如视觉和听觉) 来进行辨识。

33.3　早期 HCI/UX 中可供性的使用乱相

诺曼认为，这种可供性的概念在可用性和交互设计中是有用的。确实如此。但问题在于，人们在 HCI 文献中对这一术语的使用非常松散。"可供性"(affordance) 一词经常被过度使用、误用、混淆和滥用。所以，这个概念作为我们针对"沟通要有效和精确"这一共识的一部分，并没有很好地发挥作用。

诺曼看到了这种混乱，他很生气，并以一种典型的诺曼方式在他 1999 年的文章中谴责了这种情况，"我一直在 CHI-Web 讨论中潜水，但最终失去了所有的耐性，不能再忍受了。我在这里放了一个可供性，在那里放了一个可供性"。一个参与者会说：'我想知道那个东西是否可供点击。'这个可供性，那个可供性……'不！'我尖叫起来，然后就有了这个笔记。"(Norman, 1999)

为了澄清不同种类的可供性的区别，诺曼提出了"真正的可供性"和"感知到的可供性"等术语，并试图将它们与吉布森的概念联系起来，他曾和吉布森讨论过一段时间。

但是，他的澄清尝试似乎只是把水搅浑了。人们仍然不明白，仍在继续使用"可供性"这个术语，却没有什么共识。

哈特森 (Hartson) 的可供性分类法。我决定尝试一下，用我认为能帮助 HCI 和 UX 从业人员正确识别和使用不同种类的可供性的术语写了一篇文章 (Hartson, 2003)。

我试图将可供性与以人为本的交互概念联系起来，与我们人类在与任何一种机器交互时所做的事情联系起来——我们的感官行动、我们的认知行动和我们的物理 (身体) 行动。我还认为，重要的是要说明如何能从与这些不同类型的行动相关的可供性方面来考虑交互设计。到目前为止，这篇文章中的观点随着时间的推移反响还不错，它们也是第 30 章关于"可供性"的基础。

33.4　认知可供性如何从共同的文化习俗中获得的例子

邮箱可以作为一种象征性的认知可供性。本书作者之一 (Pardha Pyla) 从小在印度长大，当看到早期的计算机系统使用这样的图标来表示邮件程序时，他就在想："嗯，那是什么东西？"当时在印度，大多数家庭甚至没有邮箱，邮递员敲开门，直接将邮件送到住户手中。即使有的地方确实有一个户外邮箱，但也不是这个样子的。换言之，当时的印度没有这一共同的文化习俗。

后来，到了美国，才看到这些东西，而且是在仔细调查后，才意识到这些是邮箱。再后来，他还知道，根据国家法律，窥探别人的邮箱是一种犯罪行为。

美国的出口标志和欧洲的出口标志。图 33.1 展示了两种不同类型的出口 (Exit) 标志。

左边这个在美国有共同的含义。它是大红色的，象征着危险 (虽然也许出口应该代表面临危险时的安全，但别介意)。它有箭头来指示前进方向。

但在欧洲和世界其他一些地方，使用的是类似于图中右侧的标志。意思在表面上似乎相当清楚，但在美国，一个处于紧急状态的惊慌失措的人可能发现这个标志不熟悉，可能会感到困惑。

情感可供性
emotional affordance

一种设计特性，帮助用户建立情感联系，从而在用户体验中产生情感影响。

图 33.1
两种不同文化的出口标志

依赖于可乐瓶的固有特征。如 30.2.1.4 节所述，共同的文化习俗往往传达了认知可供性的大部分意义。如果没有适用的文化习俗，我们只能完全依赖于从物体的固有特征中推导出意义。

可乐瓶这个非常熟悉的形状，你会怎么看？你能想到的可能与之相关的可供性是什么？仅仅通过观察它，你认为能用它做什么？抓握时的良好的物理可供性，容纳饮料的功能可供性，或许还有一个漂亮的美学外观作为情感可供性。所有这些都是相对于我们自己在看到、握住和使用这些瓶子时的体验而言——一个盛放清凉饮料的容器。

在某个 UX 设计的研究生班上，我们提出了这样一个问题：一些我们最可靠的认知可供性 (例如如何操作门把手) 可能会被"来自另一个星球"的人所感知，虽然他们并没有共同的习俗。我们向几个小组分发了相同的空可乐瓶，并要求他们看着瓶子，拿住并操作它们，并思考固有的可供性会引起什么样的使用。我们希望他们能下降到吉布森 (Gibson)* 的生态层面。

学生们按常规回答了视觉和触觉所唤起的可供性。从视觉上看，可乐

* 译注

20 世纪最重要的认知心理家之一，他的生态学视知觉论和直接直觉为认知心理学开辟了一个新的天地，可供性 (affordance) 是他创造出来的一个词，指的是供给或承担。

瓶有明显的可供性，它可以作为一个容器，例如装花，也可以作为一个粗糙的体积测量装置。握在手里时感觉到的重量和坚固性表明它可以作为镇纸、绳子上的铅锤甚至是一个形状古怪的擀面杖。

但如果以前从未见过或听说过可乐瓶呢？你如何弄清楚它是什么，有什么用途？这就是电影《上帝也疯狂》的基础。

影片开场是一架小飞机的飞行员在南非上空飞行。他喝完了最后一杯可乐，把空瓶子扔出窗外。它一直往下飘。

当这个来自另一种文化的令人费解的人工制品落在卡拉哈里沙漠深处的一个布什曼人的脚下时，这个场景直接涉及到了可供性。这个人是第一次看到可乐瓶。很自然地，他把它带回村庄给朋友看。对村民来说，这是一个奇怪而美丽的东西，但他们对它可以用来做什么（它的功能可供性）和如何使用它（认知可供性）感到困惑。

它的出现引发了人们对这种物体在他们自己的卡拉哈里文化中的可能性的好奇探索。它是透明的，像水一样，但又非常硬。他们想知道为什么"神"会把这个东西送到地面，以及它可能有什么用途。

电影的这一部分很好地说明了关于生态可供性的观点。因为卡拉哈里布什曼人在他们的生活中从未见过可乐瓶（或任何饮料瓶），所以对于它的"意义"——即它的用途——没有共同的约定。他们只能依靠其固有的特征作为线索来推断其可能的用途，而不会受到文化惯例或实践的影响。这些特征是纯粹的生态认知可供性，是一个物体在其环境中固有的、原始的、吉布森式的可供性。

他们的生态探索导致了有趣的，有时也很滑稽的效果。有一个人把手指卡在瓶口，孩子们认为这很有趣。通过在瓶口吹气，一些人发现它可以成为一个娱乐装置，可以用它发出奇怪的声音和音乐。经过多次探索，他们发现光滑、坚硬、弯曲的表面非常适合用来腌制蛇皮。或许甚至能作为一种武器来攻击对方。

每天他们都会发现神明派来的东西有新的用途。一个明显的用途是运水。它在捣碎软根和其他蔬菜以及研磨谷物方面的功效，使它成为最有用的省力设备。通过观察卡拉哈里布什曼人对新发现的可乐瓶的探索，你能了解到不少关于可供性的知识。

这些可供性对布什曼人来说是如此明显，但对世界上工业化地区的大多数人来说可能并不明显，这表明社会经验和文化习俗对人在感知一个物体的可供性时的影响（甚至损害）。

吉布森的可供性生态视角
Gibson's Ecological View of Affordances

看待可供性的一个视角，认为对象和设备中固有的知识为我们提供了关于其运作方式的线索。Gibson(1977) 研究了生物（比如人类）与其环境之间的关系，尤其是环境为人提供或供应（offers or affords）了什么。例如，一个水平、平坦和刚性表面如何为人站立或行走提供支撑（30.2.1.3 节）。

33.5　功能可供性与吉布森的可供性生态视角相适应

我们通过描述用户交互的每个实例的目的——即相关的功能可供性——将吉布森的生态视角带入 UX 设计。从用户的目的来考虑问题，这与我们的面向交互和面向用户的视角很好地协调。在这一视角中，可供性可以帮助或辅助用户做某事。

McGrenere and Ho(2000) 还提到了应用程序有用性的概念，他们称之为"软件的可供性"(affordances in software)，这从根本上支持了可用性 (usability) 和有用性 (usefulness) 双重概念之间的联系 (Landauer, 1995)。从外部看，很容易将某种系统功能视为可供性，因其可以帮助用户在工作领域中做某事。

这再次证明需要更丰富的词汇和一个概念框架，将用户界面之外的可供性讨论带到总体系统设计更大的背景中。我们使用术语"功能可供性"来表示工作领域这种更高级别的用户支持。

> **有用性**
> **usefulness**
>
> 用户体验的一个组成部分，基于实用性(utility)。有用性强调系统的功能，它为你赋予了使用系统或产品实现工作(或游戏)目标的能力(1.4.3 节)。

33.6　UX 设计准则的由来

谈到 UX 设计准则，我们不能不对可能是所有准则出版物 (guidelines publications) 之母 (也是之父) 的东西表示深深的谢意，那就是 Mitre 公司的 Smith 和 Mosier 为美国空军开发的 944 条基于文本的用户界面设计准则 (Mosier & Smith, 1986; Smith & Mosier, 1986)。

我们当时已经在从事人机交互 (HCI) 的工作，当它问世时，我们怀着极大的兴趣阅读了它。差不多十年后，电子版开始发行 (Iannella, 1995)。其他早期的准则集包括 Engel 和 Granda(1975)、Brown(1988) 以及 Boff 和 Lincoln(1988)。

适合当时技术的 UX 设计准则在整个 HCI 的历史中都有出现，包括"防呆交互程序的设计" (Wasserman, 1973)；"良好行为"的系统的基本规则 (Kennedy, 1974)；交互系统的设计准则 (Pew & Rollins, 1975)；可用性格言 (Lund, 1997)；界面设计的八个黄金规则 (Shneiderman, 1998)。每位作者和从业人员都有一套自己喜欢的设计准则或格言。

当然，设计准则关注的重点最终随着向图形用户界面的过渡而发生了转移 (Nielsen, 1990; Nielsen et al., 1992)。随着 GUI 的发展，许多准则成为特定的平台——例如 Microsoft Windows 和 Apple 的样式指南。各自都有自己的一套详细的要求，以适合各自的产品系列。

作为上世纪 90 年代的一个例子，Apple 的一个名为 Making it Macintosh 的互动产品 (Alben, Faris, & Saddler, 1994; Apple Computer Inc, 1993) 使用计算机动画来强调 Macintosh 用户界面设计原则，目的是保留 Macintosh 的外观与感觉。许多早期样式指南，如 OSF Motif(开放软件基金会 , 1990) 和 IBM 的 Common User Access(Berry, 1988)，都内置在软件工具中，用于强制该特定的样式。

准则背后的原则 (The principles behind the guidelines) 主要来自人类心理学。我们的朋友 Tom Hewett(1999) 可能是最坚定的 HCI 声音，他认为理解心理学是 UX 设计原则和准则的基础。这些原则首先演变成人因工程的设计准则。

一些 UX 设计准则，尤其是来自人因的那些，是有实证数据支持的。但是，大多数准则都是在实践和 UX 社区的共同经验的基础上赢得了它们的权威。这些经验包括设计和评估的经验，以及分析和解决 UX 问题的经验。

基于美国国家癌症研究所 2000 年 3 月开始的基于研究的网页设计和可用性准则项目，美国卫生和公共服务部出版了一本书，其中包含一套广泛的 UX 设计准则和相关的参考材料 (U.S. Department of Health and Human Services, 2006)。每一条准则都经过了广泛的内部和外部审查，包括追踪其来源，估计其在应用中的相对重要性，以及确定支持该准则的 "证据强度" (strength of evidence)；例如，强有力的研究支持和薄弱的研究支持。

和大多数领域的情况一样，设计准则最终为标准开辟出一条新的道路 (Abernethy, 1993; Billingsley, 1993; Brown, 1993; Quesenbery, 2005; Strijland, 1993)。

离别感言

恭喜恭喜，大家成功读完了这本书。谢谢大家的坚持。

如果是 UX 从业人员要运用这本书，祝大家好运，同时不要忘记以下指导原则。

- 始终以目标为导向。
- 如果没有本质上的问题，就先考虑修复和优化。
- 拒绝教条主义，要灵活应用常识。
- 要充分想象在具体场景中的用法。
- 对于大多数问题，答案都是"视情况而定"。
- 对于用户体验，核心在于人。
- 苹果与橘子，鸟与鱼，不可同日而语。

参考文献

ABC News Nightline (1999). *Deep Dive*.

Abernethy, C. N. (1993). Expanding jurisdictions and other facets of human-machine interface IT standards. *Standard View*, *1*(1), 9–21. https://doi.org/10.1145/174683.174685.

Acohido, B. (1999). Did similar switches confuse pilots?—Controls' proximity another aspect of crash probe. In: *Seattle Times Investigative Reporter*. November 18, Retrieved from http://community.seattletimes.nwsource.com/archive/?date=19991118&slug=2996058.

Adams, D. (1990). *The long dark tea-time of the soul* (1st ed.). New York, NY: Pocket Books.

Adler, C. (2011). Ideas are overrated: startup guru Eric Ries' radical new theory. *Wired Magazine*, *19*(09), 34.

Alben, L., Faris, J., & Saddler, H. (1994). Making it Macintosh: designing the message when the message is design. *interactions*, *1*(1), 11–20. https://doi.org/10.1145/174800.174802.

Albers, J. (1974). *Interaction of color*. New Haven, CN: Yale University Press.

Alvarez, H. (2014). *A guide to color, UX, and conversion rates*. Retrieved from https://www.usertesting.com/blog/2014/12/02/color-ux-conversion-rates/.

Ann, E. (2009). What's design got to do with the world financial crisis? *interactions*, *16*(3), 20–27.

Antle, A. N. (2009). Embodied child computer interaction: why embodiment matters. *interactions*, *16*(2), 27–30.

Apple Computer Inc. (1993). *Making it Macintosh: The Macintosh human interface guidelines companion*. Reading, MA: Addison-Wesley.

Arnowitz, J. (2013). Taking the fast RIDE: designing while being agile. *interactions*, *20*(4), 76–79. https://doi.org/10.1145/2486227.2486243.

Bangor, A., Kortum, P. T., & Miller, J. T. (2008). An empirical evaluation of the system usability scale. *International Journal of Human Computer Interaction*, *24*(6), 574–594.

Barnard, P. (1993). The contributions of applied cognitive psychology to the study of human-computer interaction. In: R. M. Baecker, J. Grudin, B. Buxton, & S. Greenberg (Eds.), *Readings in human computer interaction: Toward the year 2000* (pp. 640–658). San Francisco, CA: Morgan Kaufmann.

Baskinger, M. (2008). Pencils before pixels: a primer in hand-generated sketching. *interactions*, *15*(2), 28–36.

Baskinger, M., & Gross, M. (2010). Tangible interaction = Form + computing. *interactions*, *17*(1), 6–11.

Bastien, J. M. C., & Scapin, D. L. (1995). Evaluating a user interface with ergonomic criteria. *International Journal of Human Computer Interaction*, *7*(2), 105–121.

Baty, S. (2010). Solving complex problems through design. *interactions*, *17*(5), 70–73.

Beale, R. (2007). Slanty design. *Communications of the ACM*, *50*(1), 21–24. https://doi.org/10.1145/1188913.1188934.

Beck, K. (1999). Embracing change with extreme programming. *IEEE Computer*, *32*(10), 70–77.

Beck, K. (2000). *Extreme programming explained: Embrace change.* Boston, MA: Addison-Wesley.

Beck, K., & Andres, C. (2004). *Extreme programming explained: Embrace change, 2nd edition (the XP series)* (2nd ed.). Boston, MA: Addison-Wesley.

Becker, K. (2004). Log on, tune in, drop down: (and click "go" too!). *interactions, 11*(5), 30–35. https://doi.org/10.1145/1015530.1015543.

Bell, T. E., & Thayer, T. A. (1976). Software requirements: are they really a problem? In: *Proceedings of the 2nd international conference on software engineering, San Francisco, California, USA.*

Benington, H. D. (1956). United States, navy mathematical computing advisory panel. In: *Symposium on advanced programming methods for digital computers.* Washington, DC: Office of Naval Research, Dept. of the Navy.

Benington, H. D. (1983). Production of large computer programs. *IEEE Annals of the History of Computing, 5*(4), 350–361. https://doi.org/10.1109/mahc.1983.10102.

Bennett, J. L. (1984). Managing to meet usability requirements: establishing and meeting software development goals. In: J. Bennett, D. Case, J. Sandelin, & M. Smith (Eds.), *Visual display terminals* (pp. 161–184). Englewood Cliffs, NJ: Prentice-Hall.

Bera, P. (2016). How colors in business dashboards affect users' decision making. *Communications of the ACM, 59*(4), 50–57.

Berry, R. E. (1988). Common user access—a consistent and usable human-computer interface for the SAA environments. *IBM Systems Journal, 27*(3), 281–300. https://doi.org/10.1147/sj.273.0281.

Beyer, H., & Holtzblatt, K. (1997). *Contextual design: A customer-centered approach to systems designs* (1st ed.). San Francisco, CA: Morgan Kaufmann.

Beyer, H., & Holtzblatt, K. (1998). *Contextual design: Defining customer-centered systems* (1st ed.). San Francisco, CA: Morgan-Kaufman.

Beyer, H., Holtzblatt, K., & Baker, L. (2004). An agile customer-centered method: rapid contextual design. In: *Extreme programming and agile methods (LNCS 3134)* (pp. 50–59). Calgary, Canada: Springer Berlin/Heidelberg.

Bias, R. G., & Mayhew, D. J. (2005). *Cost-justifying usability: An update for the internet age* (2nd ed.). San Francisco, CA: Morgan Kaufmann.

Billingsley, P. A. (1993). Reflections on ISO 9241: software usability may be more than the sum of its parts. *Standard View, 1*(1), 22–25. https://doi.org/10.1145/174683.174686.

Bittner, K., & Spence, I. (2003). *Use case modeling.* Boston, MA: Addison-Wesley.

Bjerknes, G., Ehn, P., & Kyng, M. (Eds.), (1987). *Computers and democracy: A Scandinavian challenge.* Aldershot, UK: Avebury.

Blythin, S., Rouncefield, M., & Hughes, J. A. (1997). Never mind the ethno' stuff, what does all this mean and what do we do now: ethnography in the commercial world. *interactions, 4*(3), 38–47. https://doi.org/10.1145/255392.255400.

Bødker, S. (1991). *Through the interface: A human activity approach to user interface design.* Hillsdale, NJ: Lawrence Erlbaum.

Bødker, S. (2015). Third-wave HCI, 10 years later—participation and sharing. *interactions, 22*(5), 24–31. https://doi.org/10.1145/2804405.

Bødker, S., & Buur, J. (2002). The design collaboratorium—a place for usability design. *ACM Transactions on Computer-Human Interaction, 9*(2), 152–169.

Bødker, S., Ehn, P., Kammersgaard, J., Kyng, M., & Sundblad, Y. (1987). A utopian experience. In: G. Bjerknes, P. Ehn, & M. Kyng (Eds.), *Computers and Democracy—A Scandinavian Challenge* (pp. 251–278). Aldershot, UK: Avebury.

Boehm, B. W. (1988). A spiral model of software development and enhancement. *IEEE Computer, 21*(5), 61–72.

Boff, K. R., & Lincoln, J. E. (1988). *Engineering data compendium: Human perception and performance*. Ohio: Wright-Patterson AFB, Harry G. Armstrong Aerospace Medical Research Laboratory. Retrieved from Dayton.

Bolchini, D., Pulido, D., & Faiola, A. (2009). "Paper in screen" prototyping: an agile technique to anticipate the mobile experience. *interactions, 16*(4), 29–33.

Boling, E., & Smith, K. M. (2012). The design case: rigorous design knowledge for design practice. *interactions, 19*(5), 48–53.

Borchers, J. (2001). *A pattern approach to interaction design*. New York, NY: Wiley.

Borman, L., & Janda, A. (1986). The CHI conferences: a bibliographic history. *SIGCHI Bulletin, 17*(3), 51.

Bradley, M. M., & Lang, P. J. (1994). Measuring emotion: the self-assessment manikin and the semantic differential. *Journal of Behavior Therapy and Experimental Psychiatry, 25*(1), 49–59.

Branscomb, L. M. (1981). The human side of computers. *IBM Systems Journal, 20*(2), 120–121.

Brooke, J. (1996). SUS: a quick and dirty usability scale. In: P. W. Jordan, B. Thomas, B. A. Weerdmeester, & I. L. McClleland (Eds.), *Usability evaluation in industry* (pp. 189–194). London, UK: Taylor & Francis.

Brown, C. M. (1988). *Human-computer interface design guidelines*. Norwood, NJ: Ablex Publishing.

Brown, L. (1993). Human-computer interaction and standardization. *Standard View, 1*(1), 3–8. https://doi.org/10.1145/174683.174684.

Brown, T. (2008). Design thinking. **June,** *Harvard Business Review*, 84–92.

Buchenau, M., & Suri, J. F. (2000). Experience prototyping. In: *Proceedings of the conference on designing interactive systems: Processes, practices, methods, and techniques (DIS)*.

Buxton, B. (1986). There's more to interaction than meets the eye: some issues in manual input. In: A. D. Norman & S. W. Draper (Eds.), *User centered system design: New perspectives on human-computer interaction* (pp. 319–337). Hillsdale, NJ: Lawrence Erlbaum.

Buxton, B. (2007a). Sketching and experience design. In: *Stanford university human-computer interaction seminar (CS 547)*. **Retrieved from** http://www.youtube.com/watch?v=xx1WveKV7aE.

Buxton, B. (2007b). *Sketching user experiences: Getting the design right and the right design*. San Francisco, CA: Morgan Kaufmann.

Buxton, B., Lamb, M. R., Sherman, D., & Smith, K. C. (1983). Towards a comprehensive user interface management system. *SIGGRAPH Computer Graphics, 17*(3), 35–42. https://doi.org/10.1145/964967.801130.

Buxton, B., & Sniderman, R. (1980). Iteration in the design of the human-computer interface. In: *Proceedings of the 13th annual meeting of the Human Factors Association of Canada*.

Capra, M. G. (2006). *Usability problem description and the evaluator effect in usability testing*. PhD Dissertation, Blacksburg: Virginia Tech.

Card, S. K., Moran, T. P., & Newell, A. (1980). The keystroke-level model for user performance time with interactive systems. *Communications of the ACM, 23*(7), 396–410. https://doi.org/10.1145/358886.358895.

Card, S. K., Moran, T. P., & Newell, A. (1983). *The psychology of human-computer interaction*. Hillsdale, NJ: Lawrence Erlbaum.

Carmel, E., Whitaker, R. D., & George, J. F. (1993). PD and joint application design: a transatlantic comparison. *Communications of the ACM, 36*(6), 40–48. https://doi.org/10.1145/153571.163265.

Carroll, J. M., Mack, R. L., & Kellogg, W. A. (1988). Interface metaphors and user interface design. In: M. Helander (Ed.), *Handbook of human-computer interaction* (pp. 67–85). Holland: Elsevier Science.

Carroll, J. M., & Olson, J. R. (1987). *Mental models in human-computer interaction: research issues about what the user of software knows*. Washington, DC: National Academy Press.

Carroll, J. M., Singley, M. K., & Rosson, M. B. (1992). Integrating theory development with design evaluation. *Behaviour & Information Technology, 11*(5), 247–255.

Carroll, J. M., & Thomas, J. C. (1982). Metaphor and the cognitive representation of computing systems. *IEEE Transactions on Systems, Man, and Cybernetics, 12*(2), 107–116.

Carroll, J. M., & Thomas, J. C. (1988). Fun. *SIGCHI Bulletin, 19*(3), 21–24.

Carter, P. (2007). Liberating usability testing. *interactions, 14*(2), 18–22. https://doi.org/10.1145/1229863.1229864.

Castillo, J. C., & Hartson, R. (2000). Critical Incident Data and Their Importance in Remote Usability Evaluation. In: *Proceedings of the Human Factors and Ergonomics Society annual meeting*.

Chin, J. P., Diehl, V. A., & Norman, K. L. (1988). Development of an instrument measuring user satisfaction of the human-computer interface. In: *Proceedings of the CHI conference on human factors in computing systems, Washington, DC, May 15–19*.

Christ, R. E. (1975). Review and analysis of color coding research for visual displays. *Human Factors, 17*(6), 542 570.

Churchill, E. F. (2009). Ps and Qs: on trusting your socks to find each other. *interactions, 16*(2), 32–36.

Churchill, E. F. (2010). Enticing engagement. *interactions, 17*(3), 82–87. https://doi.org/10.1145/1744161.1744180.

Clement, A., & Besselaar, P. V. d. (1993). A retrospective look at PD projects. *Communications of the ACM, 36*(6), 29–37. https://doi.org/10.1145/153571.163264.

Cockton, G., Lavery, D., & Woolrych, A. (2003a). Changing analysts' tunes: the surprising impact of a new instrument for usability inspection method assessment. In: *Proceedings of the international conference on human-computer interaction (HCI International)*.

Cockton, G., & Woolrych, A. (2001). Understanding inspection methods: lessons from an assessment of heuristic evaluation. In: *Proceedings of the international conference on human-computer interaction (HCI International) and IHM 2001*.

Cockton, G., & Woolrych, A. (2002). Sale must end: should discount methods be cleared off HCI's shelves? *interactions, 9*(5), 13–18. https://doi.org/10.1145/566981.566990.

Cockton, G., Woolrych, A., Hall, L., & Hindmarch, H. (2003b). Changing analysts' tunes: the surprising impact of a new instrument for usability inspection method assessment? In: P. Johnson & P. Palanque (Eds.), *Vol. XVII. People and computers*. London: Springer-Verlag.

Constantine, L. L. (1994a). Essentially speaking. *Software Development, 2*(11), 95–96.

Constantine, L. L. (1994b). Interfaces for intermediates. *IEEE Software, 11*(4), 96–99.

Constantine, L. L. (1995). Essential modeling: use cases for user interfaces. *interactions, 2*(2), 34–46. https://doi.org/10.1145/205350.205356.

Constantine, L. L. (2002). Process agility and software usability: toward lightweight usage-centered design. *Information Age, 8*(2), 1–10.

Constantine, L. L., & Lockwood, L. A. D. (1999). *Software for use: A practical guide to the models and methods of usage-centered design*. Boston, MA: Addison Wesley Longman, Inc.

Constantine, L. L., & Lockwood, L. A. D. (2003). Card-based user and task modeling for agile usage-centered design. In: *Proceedings of the CHI conference on human factors in computing systems (tutorial)*.

Cooper, A. (2004). *The inmates are running the asylum: Why high tech products drive us crazy and how to restore the sanity* (1st ed.). Indianapolis, IN: Sams-Pearson Education.

Cooper, A., Reimann, R., & Dubberly, H. (2003). *About Face 2.0: The essentials of interaction design*. New York, NY: John Wiley.

Cooper, G. (1998). *Research into cognitive load theory & instructional design at UNSW.* Retrieved from http://paedpsych.jku.at:4711/LEHRTEXTE/Cooper98.html.

Cordes, R. E. (2001). Task-selection bias: a case for user-defined tasks. *International Journal of Human Computer Interaction, 13*(4), 411–419.

Costabile, M. F., Ardito, C., & Lanzilotti, R. (2010). Enjoying cultural heritage thanks to mobile technology. *interactions, 17*(3), 30–33.

Cox, D., & Greenberg, S. (2000). Supporting collaborative interpretation in distributed Groupware. In: *Proceedings of the ACM conference on computer supported cooperative work, Philadelphia, Pennsylvania.*

Cross, N. (2001). Design cognition: results from protocol and other empirical studies of design activity. In: C. M. Eastman, W. M. McCracken, & W. C. Newstetter (Eds.), *Design knowing and learning: Cognition in design education* (pp. 79–103). Oxford, UK: Elsevier.

Cross, N. (2006). *Designerly ways of knowing*. London, UK: Springer.

Dearden, A. M., & Wright, P. C. (1997). Experiences using situated and non-situated techniques for studying work in context. In: *Proceedings of the INTERACT conference on human-computer interaction.*

del Galdo, E. M., Williges, R. C., Williges, B. H., & Wixon, D. R. (1986). An evaluation of critical incidents for software documentation design. In: *Proceedings of the Human Factors and Ergonomics Society annual meeting.*

Demarcating User eXperience Seminar (2010). Retrieved from Schloss Dagstuhl, Germany, http://www.dagstuhl.de/10373.

Department of Defense (1998). *Defense Systems Software Development (Vol. DOD-STD-2167A).*

Desmet, P. (2003). Measuring emotions: development and application of an instrument to measure emotional responses to products. In: M. A. Blythe, A. F. Monk, K. Overbeeke, & P. C. Wright (Eds.), *Funology: From usability to enjoyment* (pp. 111–123). Dordrecht, The Netherlands: Kluwer Academic.

Dick, W., & Carey, L. (1978). *The systematic design of instruction*. Glenview, IL: Scott, Foresman.

Donohue, J. (1989). *Fixing fallingwater's flaws* (pp. 99–101). Architecture.

Dormann, C. (2003). Affective experiences in the home: measuring emotion. In: *Proceedings of the conference on home oriented informatics and telematics, the networked home of the future (HOIT), Irvine, CA.*

Dorst, K. (2015). *Frame innovation: Create new thinking by design*. Cambridge MA: The MIT Press.

Dourish, P. (2001). *Where the action is: The foundations of embodied interaction*. Cambridge, MA: MIT Press.

Draper, S. W., & Barton, S. B. (1993). Learning by exploration, and affordance bugs. In: *Proceedings of the CHI conference on human factors in computing systems (INTERCHI Adjunct), New York, NY.*

Dray, S., & Siegel, D. (2004). Remote possibilities? International usability testing at a distance. *interactions, 11*(2), 10–17. https://doi.org/10.1145/971258.971264.

Dubberly, H. (2012). What can Steve Jobs and Jonathan Ive teach us about designing? *interactions, 19*(3), 82–85. https://doi.org/10.1145/2168931.2168948.

Dubberly, H., & Evenson, S. (2011). Design as learning—or "knowledge creation"—the SECI model. *interactions, 18*(1), 75–79. https://doi.org/10.1145/1897239.1897256.

Dubberly, H., & Pangaro, P. (2009). What is conversation, and how can we design for it? *interactions, 16*(4), 22–28.

Dumas, J. S., Molich, R., & Jeffries, R. (2004). Describing usability problems: are we sending the right message? *interactions, 11*(4), 24–29. https://doi.org/10.1145/1005261.1005274.

Dzida, W., Wiethoff, M., & Arnold, A. G. (1993). *ERGOGuide: The quality assurance guide to ergonomic software.* Joint internal technical report of GMD (Germany) and Delft University of Technology (The Netherlands).

Ehn, P. (1988). *Work-Oriented Design of Computer Artifacts* (1st ed.). Stockholm, Sweden: Arbetslivcentrum.

Ehn, P. (1990). *Work-oriented design of computer artifacts* (2nd ed.). Hillsdale, NJ: Lawrence Erlbaum.

Ekman, P., & Friesen, W. (1975). *Unmasking the face: A guide to recognizing emotions from facial clues.* Englewood Cliffs, NJ: Prentice Hall.

Engel, S. E., & Granda, R. E. (1975). *Guidelines for man/display interfaces (TR 00.2720).* Poughkeepsie, NY: IBM Corporation.

Fitts, P. M. (1954). The information capacity of the human motor system in controlling the amplitude of movement. *Journal of Experimental Psychology, 47*(6), 381–391. https://doi.org/10.1037/h0055392.

Fitts, P. M., & Jones, R. E. (1947). Psychological aspects of instrument display: analysis of factors contributing to 460 "pilot error" experiences in operating aircraft controls. In: H. W. Sinaiko (Ed.), *Reprinted in selected papers on human factors in the design and use of control systems (1961)* (pp. 332–358). New York, NY: Dover.

Flanagan, J. C. (1954). The critical incident technique. *Psychological Bulletin, 51*(4), 327–358.

Foley, J. D., & Van Dam, A. (1982). *Fundamentals of interactive computer graphics.* Reading, MA: Addison-Wesley Longman.

Foley, J. D., Van Dam, A., Feiner, S. K., & Hughes, J. F. (1990). *Computer graphics: Principles and practice* (2nd ed.). Boston, MA: Addison-Wesley Longman Publishing Co., Inc.

Foley, J. D., & Wallace, V. L. (1974). The art of natural graphic man-machine conversation. *ACM Computer Graphics, 8*(3), 87.

Forlizzi, J. (2005). Robotic products to assist the aging population. *interactions, 12*(2), 16–18.

Forlizzi, J. (2010). All look same?: a comparison of experience design and service design. *interactions, 17*(5), 60–62. https://doi.org/10.1145/1836216.1836232.

Frank, B. (2006). The science of segmentation. *interactions, 13*(3), 12–13. https://doi.org/10.1145/1125864.1125878.

Frishberg, N. (2006). Prototyping with junk. *interactions, 13*(1), 21–23.

Gajendar, U. (2012). Finding the sweet spot of design. *interactions, 19*(3), 10–11.

Gaver, W. W. (1991). Technology affordances. In: *Proceedings of the CHI conference on human factors in computing systems, New Orleans, Louisiana.*

Gellersen, H. (2005). Smart-Its: computers for artifacts in the physical world. *Communications of the ACM, 48*(3), 66.

Gershman, A., & Fano, A. (2005). Examples of commercial applications of ubiquitous computing. *Communications of the ACM, 48*(3), 71.

Gibson, J. J. (1977). The theory of affordances. In: R. Shaw & J. Bransford (Eds.), *Perceiving, acting, and knowing: Toward an ecological psychology* (pp. 67–82). Hillsdale, NJ: Lawrence Erlbaum.

Gibson, J. J. (1979). *The ecological approach to visual perception.* Boston, MA: Houghton Mifflin.

Giesecke, F. E., Mitchell, A., Hill, H. C., Spencer, I. L., Novak, J. T., Dygdon, J. E., et al. (2018). *Case study 1: The snake light.* The Companion Website for Giesecke on the Web. Retrieved from http://www.prenhall.com/giesecke/html/cases/snake.html.

Gilb, T. (1987). Design by objectives. *SIGSOFT Software Engineering Notes, 12*(2), 42–49.

Gillham, R. (2014). *The user experience of enterprise technology. Retrieved from* http://www.foolproof.co.uk/thinking/the-user-experience-of-enterprise-technology/.

Gladwell, M. (2007). *Blink: The power of thinking without thinking.* New York, NY: Little, Brown and Company.

Good, M. D. (1989). Seven experiences with contextual field research. *SIGCHI Bulletin, 20*(4), 25–32. https://doi.org/10.1145/67243.67246.

Good, M. D., Spine, T., Whiteside, J. A., & George, P. (1986). User derived impact analysis as a tool for usability engineering. In: *Proceedings of the CHI conference on human factors in computing systems, New York, NY, April 13–17.*

Good, M. D., Whiteside, J. A., Wixon, D. R., & Jones, S. J. (1984). Building a user-derived interface. *Communications of the ACM, 27*(10), 1032–1043. https://doi.org/10.1145/358274.358284.

Gothelf, J., & Seiden, J. (2016). *Lean UX: Designing great products with agile teams* (2nd ed.). Sebastopol, CA: O'Reilly Media.

Graves, M. (2012). Architecture and the Lost Art of Drawing. *The New York Times,* Retrieved from http://www.nytimes.com/2012/09/02/opinion/sunday/architecture-and-the-lost-art-of-drawing.html.

Gray, W. D., & Salzman, M. C. (1998). Damaged merchandise? A review of experiments that compare usability evaluation methods. *Human Computer Interaction, 13*(3), 203–261.

Greenbaum, J. M., & Kyng, M. (Eds.), (1991). *Design at Work: Cooperative design of computer systems.* Hillsdale, NJ: Lawrence Erlbaum.

Grudin, J. (1989). The case against user interface consistency. *Communications of the ACM, 32*(10), 1164–1173. https://doi.org/10.1145/67933.67934.

Grudin, J. (2006). The GUI shock: computer graphics and human-computer interaction. *interactions. 13*(2), 46ff. https://doi.org/10.1145/1116715.1116751.

Hackman, G., & Biers, D. (1992). Team usability testing: are two heads better than one. In: *Proceedings of the Human Factors and Ergonomics Society annual meeting.*

Hafner, K. (2007). Inside apple stores, a certain aura enchants the faithful. *The New York Times.* December 27. Retrieved from http://www.nytimes.com/2007/12/27/business/27apple.html?ei=5124&en=6b1c27bc8cec74b5&ex=1356584400&partner=permalink&exprod=permalink&pagewanted=all.

Hammond, N., Gardiner, M. M., & Christie, B. (1987). The role of cognitive psychology in user-interface design. In: M. M. Gardiner & B. Christie (Eds.), *Applying cognitive psychology to user-interface design* (pp. 13–52): Wiley.

Hamner, E., Lotter, M., Nourbakhsh, I., & Shelly, S. (2005). Case study: up close and personal from Mars. *interactions, 12*(2), 30–36.

Hansen, W. (1971). User engineering principles for interactive systems. In: *Proceedings of the fall joint computer conference, Montvale, NJ.*

Harrison, S., Back, M., & Tatar, D. (2006). "It's Just a Method!": a pedagogical experiment in interdisciplinary design. In: *Proceedings of the 6th conference on designing interactive systems, University Park, PA, USA.*

Harrison, S., & Tatar, D. (2011). On methods. *interactions, 18*(2), 10–11. https://doi.org/10.1145/1925820.1925823.

Harrison, S., Tatar, D., & Sengers, P. (2007). The three paradigms of HCI. In: *Proceedings of the Alt.chi, CHI conference on human factors in computing systems, San Jose, CA.*

Hartson, R. (2003). Cognitive, physical, sensory, and functional affordances in interaction design. *Behaviour & Information Technology*, *22*(5), 315–338.

Hartson, R., Andre, T. S., & Williges, R. C. (2003). Criteria for evaluating usability evaluation methods. *International Journal of Human Computer Interaction*, *15*(1), 145–181.

Hartson, R., & Castillo, J. C. (1998). Remote evaluation for post-deployment usability improvement. In: *Proceedings of the Conference on Advanced Visual Interfaces (AVI), L'Aquila, Italy*.

Hartson, R., & Smith, E. C. (1991). Rapid prototyping in human-computer interface development. *Interacting with Computers*, *3*(1), 51–91.

Hassenzahl, M. (2012). Everything can be beautiful. *interactions*, *19*(4), 60–65. https://doi.org/10.1145/2212877.2212892.

Hassenzahl, M., Beu, A., & Burmester, M. (2001). Engineering joy. *IEEE Software*, *18*(1), 70–76.

Hassenzahl, M., Burmester, M., & Koller, F. (2003). AttrakDiff: Ein Fragebogen zur Messung wahrgenommener hedonischer und pragmatischer Qualität (AttrakDif: a questionnaire for the measurement of perceived hedonic and pragmatic quality). In: *Proceedings of the Mensch & Computer 2003: Interaktion in Bewegung, Stuttgart*.

Hassenzahl, M., Platz, A., Burmester, M., & Lehner, K. (2000). Hedonic and ergonomic quality aspects determine a software's appeal. In: *Proceedings of the CHI conference on human factors in computing systems, The Hague, The Netherlands*.

Hassenzahl, M., & Roto, V. (2007). Being and doing: a perspective on user experience and its measurement. *Interfaces*, *72*, 10–12.

Hassenzahl, M., Schöbel, M., & Trautmann, T. (2008). How motivational orientation influences the evaluation and choice of hedonic and pragmatic interactive products: the role of regulatory focus. *Interacting with Computers*, *20*, 473–479.

Hazzan, O., & Kramer, J. (2016). Assessing abstraction skills. *Communications of the ACM*, *59*(12), 43–45. https://doi.org/10.1145/2926712.

Heller, F., & Borchers, J. (2012). Physical prototyping of an on-outlet power-consumption display. *interactions*, *19*(1), 14–17. https://doi.org/10.1145/2065327.2065332.

Hertzum, M., & Jacobsen, N. E. (2003). The evaluator effect: a chilling fact about usability evaluation methods. *International Journal of Human Computer Interaction*, *15*(1), 183–204.

Hewett, T. T. (1999). Cognitive factors in design: basic phenomena in human memory and problem solving. In: *Proceedings of the CHI conference on human factors in computing systems (extended abstracts)*.

Hinckley, K., Pausch, R., Goble, J. C., & Kassell, N. F. (1994). A survey of design issues in spatial input. In: *Proceedings of the ACM Symposium on User Interface Software and Technology, Marina del Rey, California*.

Hix, D., & Hartson, R. (1993). *Developing user interfaces: Ensuring usability through product & process*. New York, NY: John Wiley.

Holtzblatt, K. (1999). Introduction to special section on contextual design. *interactions*, *6*(1), 30–31. https://doi.org/10.1145/291224.291226.

Holtzblatt, K. (2011). What makes things cool?: intentional design for innovation. *interactions*, *18*(6), 40–47. https://doi.org/10.1145/2029976.2029988.

Holtzblatt, K., Wendell, J. B., & Wood, S. (2004). *Rapid contextual design: A how-to guide to key techniques for user-centered design*. San Francisco: Morgan Kaufmann.

Honan, M. (2013). The simple complex. *Wired Magazine*, *21*(2), 44.

Hornbæk, K., & Frøkjær, E. (2005). Comparing usability problems and redesign proposals as input to practical systems development. In: *Proceedings of the CHI conference on human factors in computing systems, Portland, Oregon, USA*.

Houben, S., Marquardt, N., Vermeulen, J., Klokmose, C., Schöning, J., Reiterer, H., et al. (2017). Opportunities and challenges for cross-device interactions in the wild. *interactions*, *24*(5), 58–63.

Howarth, D. (2002). *Custom cupholder a shoe-in* (p. 10). Roundel, BMW Car Club Publication.

Hudson, J. M., & Viswanadha, K. (2009). Can "wow" be a design goal? *interactions*, *16*(1), 58–61. https://doi.org/10.1145/1456202.1456217.

Hudson, W. (2001). How many users does it take to change a Web site? *SIGCHI Bulletin*, 6. https://doi.org/10.1145/967222.967230.

Hughes, J., King, V., Rodden, T., & Andersen, H. (1994). Moving out from the control room: ethnography in system design. In: *Proceedings of the ACM conference on computer supported cooperative work, Chapel Hill, North Carolina*.

Hughes, J., King, V., Rodden, T., & Andersen, H. (1995). The role of ethnography in interactive systems design. *interactions*, *2*(2), 56–65. https://doi.org/10.1145/205350.205358.

Human Factor Research Group. (1996). WAMMI Questionnaire. Retrieved from http://www.ucc.ie/hfrg/questionnaires/wammi/index.html.

Human Factor Research Group. (2010). Human Factors Research Group. Retrieved from http://www.ucc.ie/hfrg/.

Hutchins, E. L., Hollan, J. D., & Norman, D. A. (1986). Direct manipulation interfaces. In: D. A. Norman & S. W. Draper (Eds.), *User centered system design: New perspectives on human-computer interaction* (pp. 87–125). Hillsdale, NJ: Lawrence Erlbaum.

Iannella, R. (1995). HyperSAM: a management tool for large user interface guideline sets. *SIGCHI Bulletin*, *27*(2), 42–45. https://doi.org/10.1145/202511.202522.

Isaacson, W. (2012). Keep it simple. **September**, *Smithsonian Magazine*, *41–49*, 90–92.

Ishii, H., & Ullmer, B. (1997). Tangible bits: towards seamless interfaces between people, bits and atoms. In: *Proceedings of the CHI conference on human factors in computing systems, Atlanta, Georgia*.

ISO 9241-11 (1997). *Ergonomic requirements for office work with visual display terminals (VDTs) Part 11: Guidance on usability*.

Jacob, R. J. K. (1993). Eye movement-based human-computer interaction techniques: toward non-command interfaces. In: R. Hartson & D. Hix (Eds.), Vol. 4. *Advances in human-computer interaction* (pp. 151–190). Norwood, NJ: Ablex Publishing Corporation.

Johnson, J. (2000). Textual bloopers: an excerpt from GUI bloopers. *interactions*, *7*(5), 28–48. https://doi.org/10.1145/345242.345255.

Johnson, J., & Henderson, A. (2002). Conceptual models: begin by designing what to design. *interactions*, *9*(1), 25–32. https://doi.org/10.1145/503355.503366.

Jokela, T. (2004). When good things happen to bad products: where are the benefits of usability in the consumer appliance market? *interactions*, *11*(6), 28–35. https://doi.org/10.1145/1029036.1029050.

Jones, B. D., Winegarden, C. R., & Rogers, W. A. (2009). Supporting healthy aging with new technologies. *interactions*, *16*(4), 48–51.

Judge, T. K., Pyla, P. S., McCrickard, S., & Harrison, S. (2008). Affinity diagramming in multiple display environments. In: *Proceedings of the CSCW 2008 workshop on beyond the laboratory: Supporting authentic collaboration with multiple displays, San Diego, CA*.

Kane, D. (2003). Finding a place for discount usability engineering in agile development: throwing down the gauntlet. In: *Proceedings of the conference on agile development*.

Kantrovich, L. (2004). To innovate or not to innovate. *interactions*, *11*(1), 24–31. https://doi.org/10.1145/962342.962354.

Kapoor, A., Picard, R. W., & Ivanov, Y. (2004). Probabilistic combination of multiple modalities to detect interest. In: *Proceedings of the international conference on pattern recognition (ICPR)*.

Karat, C.-M., Campbell, R., & Fiegel, T. (1992). Comparison of empirical testing and walkthrough methods in user interface evaluation. In: *Proceedings of the CHI conference on human factors in computing systems, New York, NY, May 3–7.*

Karn, K. S., Perry, T. J., & Krolczyk, M. J. (1997). Testing for power usability: a CHI 97 workshop. *SIGCHI Bulletin*, *29*(4), 63–67.

Kaur, K., Maiden, N., & Sutcliffe, A. (1999). Interacting with virtual environments: an evaluation of a model of interaction. *Interacting with Computers*, *11*(4), 403–426.

Kawakita, J. (1982). *The original KJ method*. Tokio: Kawakita Research Institute.

Kennedy, S. (1989). Using video in the BNR usability lab. *SIGCHI Bulletin*, *21*(2), 92–95. https://doi.org/10.1145/70609.70624.

Kennedy, T. C. S. (1974). The design of interactive procedures for man-machine communication. *International Journal of Man-Machine Studies*, *6*, 309–334.

Kensing, F., & Munk-Madsen, A. (1993). PD: structure in the toolbox. *Communications of the ACM*, *36*(6), 78–85.

Kern, D., & Pfleging, B. (2013). Supporting interaction through haptic feedback in automotive user interfaces. *interactions*, *20*(2), 16–21.

Kieras, D. E., & Polson, P. G. (1985). An approach to the formal analysis of user complexity. *International Journal of Man-Machine Studies*, *22*, 365–394.

Kim, J., & Moon, J. Y. (1998). Designing towards emotional usability in customer interfaces—trustworthiness of cyber-banking system interfaces. *Interacting with Computers*, *10*(1), 1–29.

Kim, J. H., Gunn, D. V., Schuh, E., Phillips, B. C., Pagulayan, R. j., & Wixon, D. (2008). Tracking real-time user experience (TRUE): a comprehensive instrumentation for complex systems. In: *Proceedings of the CHI conference on human factors in computing systems, Florence, Italy.*

Knemeyer, D. (2015). Design thinking and UX: two sides of the same coin. *interactions*, *22*(5), 66–68. https://doi.org/10.1145/2802679.

Koenemann-Belliveau, J., Carroll, J. M., Rosson, M. B., & Singley, M. K. (1994). Comparative usability evaluation: critical incidents and critical threads. In: *Proceedings of the CHI conference on human factors in computing systems, Boston, Massachusetts.*

Kolko, J. (2015a). Design thinking comes of age. **September 2015**, *Harvard Business Review*, 66–71.

Kolko, J. (2015b). Moving on from requirements. *interactions*, *22*(6), 22–23. https://doi.org/10.1145/2824754.

Krippendorff, K. (2006). *The semantic turn: A new foundation for design*. Boca Raton, FL: CRC Press.

Krueger, R. A., & Casey, M. A. (2008). *Focus groups: A practical guide for applied research* (4th ed.). Thousand Oaks, CA: Sage Publications.

Kugler, L. (2015). Touching the virtual. *Communications of the ACM*, *58*(8), 16–18.

Kuniavsky, M. (2003). *Observing the user experience: A practitioner's guide to user research*. San Francisco, CA: Morgan Kaufmann.

Kyng, M. (1994). Scandinavian design: users in product development. In: *Proceedings of the CHI conference on human factors in computing systems.*

Lafrenière, D. (1996). CUTA: a simple, practical, low-cost approach to task analysis. *interactions*, *3*(5), 35–39. https://doi.org/10.1145/234757.234761.

Landauer, T. K. (1995). *The trouble with computers: Usefulness, usability, and productivity*. Cambridge, MA: The MIT Press.

Landry, S. (2016). Instant gratification requires total control. *Wired Magazine*, *24*(5), 56.

Lantz, A., & Gulliksen, J. (2003). Editorial: design versus design: a Nordic perspective. *International Journal of Human Computer Interaction*, *15*(1), 1–4.

Lathan, C., Brisben, A., & Safos, C. (2005). CosmoBot levels the playing field for disabled children. *interactions*, *12*(2), 14–16.

Lavery, D., & Cockton, G. (1997). Representing predicted and actual usability problems. In: *Proceedings of the international workshop on representations in interactive software development, London*.

Lavie, T., & Tractinsky, N. (2004). Assessing dimensions of perceived visual aesthetics of web sites. *International Journal of Human-Computer Studies*, *60*, 269–298.

LeCompte, M. D., & Preissle, J. (1993). *Ethnography and qualitative design in educational research* (2nd ed.). San Diego: Academic Press.

Lewis, C. (1982). *Using the 'thinking-aloud' method in cognitive interface design.* **(Research Report RC 9265)**. Yorktown Heights, NY: IBM Thomas J. Watson Research Center.

Lewis, C., Polson, P. G., Wharton, C., & Rieman, J. (1990). Testing a walkthrough methodology for theory-based design of walk-up-and-use interfaces. In: *Proceedings of the CHI conference on human factors in computing systems, Seattle, WA*.

Lewis, J. R. (1994). Sample sizes for usability studies: additional considerations. *The Journal of the Human Factors and Ergonomics Society*, *36*, 368–378.

Lewis, J. R. (1995). IBM computer usability satisfaction questionnaires: psychometric evaluation and instructions for use. *International Journal of Human Computer Interaction*, *7*, 57–78.

Lewis, J. R. (2002). Psychometric evaluation of the PSSUQ using data from five years of usability studies. *International Journal of Human Computer Interaction*, *14*, 463–488.

Lewis, R. O. (1992). *Independent verification and validation: A life cycle engineering process for quality software*. New York, NY: John Wiley & Sons, Inc.

Lewis, S., Mateas, M., Palmiter, S., & Lynch, G. (1996). Ethnographic data for product development: a collaborative process. *interactions*, *3*(6), 52–69. https://doi.org/10.1145/242485.242505.

Likert, R. (1932). A technique for the measurement of attitudes. *Archives of Psychology*, *140*, 55.

Löwgren, J. (2004). Animated use sketches: as design representations. *interactions*, *11*(6), 23–27.

Lubow, A. (2009). The triumph of Frank Lloyd Wright. **June**, *Smithsonian Magazine*, 52–61.

Lund, A. M. (1997). Expert ratings of usability maxims. *Ergonomics in Design*, *5*(3), 15–20.

Lund, A. M. (2001). Measuring usability with the USE questionnaire. *Usability & User Experience (the STC Usability SIG Newsletter)*, *8*(2).

Lund, A. M. (2004). *Measuring usability with the USE questionnaire.* Retrieved from http://www.stcsig.org/usability/newsletter/0110_measuring_with_use.html.

MacKenzie, I. S. (1992). Fitts' law as a research and design tool in human-computer interaction. *Human Computer Interaction*, *7*, 91–139.

Macleod, M., Bowden, R., Bevan, N., & Curson, I. (1997). The MUSiC performance measurement method. *Behaviour & Information Technology*, *16*(4), 279–293.

Mantei, M. M., & Teorey, T. J. (1988). Cost/benefit analysis for incorporating human factors in the software lifecycle. *Communications of the ACM*, *31*(4), 428–439. https://doi.org/10.1145/42404.42408.

Markopoulos, P., Ruyter, B. d., Privender, S., & Breemen, A. v. (2005). Case study: bringing social intelligence into home dialogue systems. *interactions, 12*(4), 37–44. https://doi.org/10.1145/1070960.1070984.

Marsh, G. P. (1864). *Man and nature: Or, physical geography as modified by human action.* New York, NY: Charles Scribner.

Martin, B., & Hanington, B. M. (2012). *Universal methods of design: 100 ways to research complex problems, develop innovative ideas, and design effective solutions.* Beverly, MA: Rockport Publishers.

Mason, J. G. (1968). How to be of two minds. *Nation's Business,* (October), 94–97.

Mayhew, D. J. (1999). *The usability engineering lifecycle: A practitioner's handbook for user interface design* (1st ed.). San Francisco, CA: Morgan Kaufmann.

McCullough, M. (2004). *Digital ground: Architecture, pervasive computing, and environmental knowing.* Cambridge, MA: MIT Press.

McGrenere, J., & Ho, W. (2000). Affordances: clarifying and evolving a concept. In: *Proceedings of the graphics interface.*

McInerney, P., & Maurer, F. (2005). UCD in agile projects: dream team or odd couple? *interactions, 12*(6), 19–23. https://doi.org/10.1145/1096554.1096556.

Meads, J. (2010). *Personal communication with Rex Hartson.* June.

Medlock, M. C., Wixon, D., McGee, M., & Welsh, D. (2005). The rapid iterative test and evaluation method: better products in less time. In: R. G. Bias & D. J. Mayhew (Eds.), *Cost justifying usability: An update for an internet age* (pp. 489–517). San Francisco, CA: Morgan Kaufmann.

Medlock, M. C., Wixon, D., Terrano, M., Romero, R., & Fulton, B. (2002). Using the RITE method to improve products: a definition and a case study. In: *Proceedings of the UPA international conference, Orlando, FL.*

Memmel, T., Gundelsweiler, F., & Reiterer, H. (2007). Agile human-centered software engineering. In: *Proceedings of the British HCI Group annual conference on people and computers, University of Lancaster, United Kingdom.*

Miller, G. A. (1956). The magical number seven, plus or minus two: some limits on our capacity for processing information. *Psychological Review, 63*(2), 81–97. https://doi.org/10.1037/h0043158.

Miller, L. (2010). *Case study of customer input for a successful product.* Retrieved from http://www.agileproductdesign.com/useful_papers/miller_customer_input_in_agile_projects.pdf.

Miller, L., & Sy, D. (2009). Agile user experience SIG. In: *Proceedings of the CHI conference on human factors in computing systems, Boston, April 4–9.*

Moggridge, B. (2007). *Designing interactions.* Cambridge, MA: MIT Press.

Molich, R., Bevan, N., Butler, S., Curson, I., Kindlund, E., & Kirakowski, J. (1998). Comparative evaluation of usability tests. In: *Proceedings of the UPA international conference, Washington, DC, June.*

Molich, R., & Dumas, J. S. (2008). Comparative usability evaluation (CUE-4). *Behaviour & Information Technology, 27*(3), 263–282.

Molich, R., & Nielsen, J. (1990). Improving a human-computer dialogue. *Communications of the ACM, 33*(3), 338–348. https://doi.org/10.1145/77481.77486.

Molich, R., Thomsen, A. D., Karyukina, B., Schmidt, L., Ede, M., van Oel, W., et al. (1999). Comparative evaluation of usability tests. In: *Proceedings of the CHI conference on human factors in computing systems (extended abstracts), Pittsburgh, Pennsylvania.*

Moore, N. C. (2017). How to disrupt: lessons from Tony Fadell. *The Michigan Engineering, Spring, 2017,* 56–63.

Moran, T. P. (1981a). The command language grammar: a representation for the user interface of interactive computer systems. *International Journal of Man-Machine Studies*, *15*(1), 3–50.

Moran, T. P. (1981b). Guest editor's introduction: an applied psychology of the user. *ACM Computing Surveys*, *13*(1), 1–11. https://doi.org/10.1145/356835.356836.

Morville, P., & Rosenfeld, L. (2006). *Information architecture for the World Wide Web* (3rd ed.). Sebastopol, CA: O'Reilly Media, Inc.

Mosier, J. N., & Smith, S. L. (1986). Application of guidelines for designing user interface software. *Behaviour & Information Technology*, *5*(1), 39–46.

Muller, M. J. (1991). PICTIVE—an exploration in participatory design. In: *Proceedings of the CHI conference on human factors in computing systems, New Orleans, Louisiana.*

Muller, M. J. (1992). Retrospective on a year of participatory design using the PICTIVE technique. In: *Proceedings of the CHI conference on human factors in computing systems, Monterey, California.*

Muller, M. J. (2003). Participatory design: the third space in HCI. In: J. A. Jacko & A. Sears (Eds.), *The human-computer interaction handbook: Fundamentals, evolving technologies and emerging applications* (pp. 1051–1058). Mahwah, NJ: Lawrence Erlbaum.

Muller, M. J., & Kuhn, S. (1993). Participatory design. *Communications of the ACM*, *36*(4), 24–28.

Muller, M. J., Matheson, L., Page, C., & Gallup, R. (1998). Participatory heuristic evaluation. *interactions*, *5*(5), 13–18. https://doi.org/10.1145/285213.285219.

Muller, M. J., Wildman, D. M., & White, E. A. (1993a). 'Equal opportunity' PD using PICTIVE. *Communications of the ACM*, *36*(6), 64. https://doi.org/10.1145/153571.214818.

Muller, M. J., Wildman, D. M., & White, E. A. (1993b). Participatory design. *Communications of the ACM*, *36*(6), 26–27.

Mumford, E. (1981). Participative systems design: structure and method. *Systems, Objectives, Solutions*, *1*(1), 5–19.

Murano, P. (2006). Why anthropomorphic user interface feedback can be effective and preferred by users. In: C.-S. Chen, J. Filipe, I. Seruca, & J. Cordeiro (Eds.), Vol. 7. *Enterprise information systems* (pp. 241–248). Dordrecht, The Netherlands: Springer.

Murphy, R. R. (2005). Humans, robots, rubble, and research. *interactions*, *12*(2), 37–39.

Myers, B. A. (1989). User-interface tools: introduction and survey. *IEEE Software*, *6*(1), 15–23.

Myers, B. A. (1992). *State of the art in user interface software tools.* Retrieved from http://citeseerx.ist.psu.edu/viewdoc/download?doi=10.1.1.70.5148&rep=rep1&type=pdf.

Myers, B. A. (1993). State of the art in user interface software tools. In: R. Hartson & D. Hix (Eds.), *Vol. 4. Advances in human-computer interaction.* Norwood, NJ: Ablex.

Myers, B. A. (1995). State of the art in user interface software tools. In: R. M. Baecker, J. Grudin, W. A. S. Buxton, & S. Greenberg (Eds.), *Readings in human-computer interaction: Toward the Year 2000* (pp. 323–343). San Francisco: Morgan-Kaufmann Publishers, Inc.

Myers, B. A., Hudson, S. E., & Pausch, R. (2000). Past, present, and future of user interface software tools. *ACM Transactions on Computer-Human Interaction*, *7*(1), 3–28.

Myers, I. B., McCaulley, M. H., Quenk, N. L., & Hammer, A. L. (1998). *MBTI manual (a guide to the development and use of the Myers Briggs type indicator)* (3rd ed.). Palo Alto, CA: Consulting Psychologists Press.

Nass, C., Steuer, J., & Tauber, E. R. (1994). In: *Computers are social actors. Paper presented at the the CHI conference on human factors in computing systems, Boston, Massachusetts.*

Nayak, N. P., Mrazek, D., & Smith, D. R. (1995). Analyzing and communicating usability data: now that you have the data what do you do? a CHI'94 workshop. *SIGCHI Bulletin*, *27*(1), 22–30. https://doi.org/10.1145/202642.202649.

Newman, W. M. (1968). A system for interactive graphical programming. In: *Proceedings of the spring joint computer conference, Atlantic City, New Jersey*.

Newman, W. M. (1998). On simulation, measurement, and piecewise usability evaluation. G. M. Olson & T. P. Moran (Eds.), Vol. 13, Issue 3, *Commentary #10 on "damaged merchandise", Human-Computer Interaction* (pp. 316–323).

Nielsen, J. (1989). Usability engineering at a discount. In: *Proceedings of the international conference on human-computer interaction (HCI International), Boston, Massachusetts*.

Nielsen, J. (1990). Traditional dialogue design applied to modern user interfaces. *Communications of the ACM*, *33*(10), 109–118. https://doi.org/10.1145/84537.84559.

Nielsen, J. (1992). Finding usability problems through heuristic evaluation. In: *Proceedings of the CHI conference on human factors in computing systems, Monterey, California*.

Nielsen, J. (1993). *Usability engineering*. Chestnut Hill, MA: Academic Press Professional.

Nielsen, J. (1994). Enhancing the explanatory power of usability heuristics. In: *Proceedings of the CHI conference on human factors in computing systems, Boston, Massachusetts*.

Nielsen, J., Bush, R. M., Dayton, T., Mond, N. E., Muller, M. J., & Root, R. W. (1992). Teaching experienced developers to design graphical user interfaces. In: *Proceedings of the CHI conference on human factors in computing systems, Monterey, California*.

Nielsen, J., & Landauer, T. K. (1993). A mathematical model of the finding of usability problems. In: *Proceedings of the INTERACT conference on human-computer interaction and chi conference on human factors in computing systems (INTERCHI), Amsterdam, The Netherlands*.

Nielsen, J., & Molich, R. (1990). Heuristic evaluation of user interfaces. In: *Proceedings of the CHI conference on human factors in computing systems, Seattle, Washington*.

Nilsson, P., & Ottersten, I. (1998). Interaction design: leaving the engineering perspective behind. In: L. E. Wood (Ed.), *User interface design: Bridging the gap from user requirements to design* (pp. 131–152). Boca Raton, FL: CRC Press.

Norman, D. A. (1986). Cognitive engineering. In: D. A. Norman & S. W. Draper (Eds.), *User centered system design: New perspectives on human-computer interaction* (pp. 31–61). Hillsdale, NJ: Lawrence Erlbaum.

Norman, D. A. (1990). *The design of everyday things*. New York, NY: Basic Books.

Norman, D. A. (1998). *The invisible computer—Why good products can fail, the personal computer is so complex, and information appliances are the solution*. Cambridge, MA: MIT Press.

Norman, D. A. (1999). Affordance, conventions, and design. *interactions*, *6*(3), 38–43. https://doi.org/10.1145/301153.301168.

Norman, D. A. (2002). Emotion and design: attractive things work better. *interactions*, *9*(4), 36–42.

Norman, D. A. (2004). *Emotional design: Why we love (or hate) everyday things* (1st ed.). New York, NY: Basic Books.

Norman, D. A. (2005). Human-centered design considered harmful. *interactions*, *12*(4), 14–19. https://doi.org/10.1145/1070960.1070976.

Norman, D. A. (2006). Logic versus usage: the case for activity-centered design. *interactions*, *13*(6), 45–63. https://doi.org/10.1145/1167948.1167978.

Norman, D. A. (2007a). The next UI breakthrough, part 2: physicality. *interactions*, *14*(4), 46–47. https://doi.org/10.1145/1273961.1273986.

Norman, D. A. (2007b). Simplicity is highly overrated. *interactions*, *14*(2), 40–41. https://doi.org/10.1145/1229863.1229885.

Norman, D. A. (2008). Simplicity is not the answer. *interactions, 15*(5), 45–46.

Norman, D. A. (2009). Systems thinking: a product is more than a product. *interactions, 16*(5), 52–54.

Norman, D. A., & Draper, S. W. (1986). *User centered system design; new perspectives on human-computer interaction.* L. Erlbaum Associates Inc.

Nowell, L., Schulman, R., & Hix, D. (2002). Graphical encoding for information visualization: an empirical study. In: *Proceedings of the IEEE symposium on information visualization (INFOVIS).*

O'Conner, P. T., & Kellerman, S. (2013). Write and wrong. *Smithsonian, 43*(109), 24.

Object Management Group (2010). *UML.* Retrieved from http://www.uml.org/.

Obrist, M., Velasco, C., Vi, C., Ranasinghe, N., Israr, A., Cheok, A., et al. (2016). Sensing the future of HCI: touch, taste, and smell user interfaces. *interactions, 23*(5), 40–49.

Olsen, D. R., Jr. (1983). Automatic generation of interactive systems. *Computer Graphics, 17*(1), 53–57.

O'Malley, C., Draper, S., & Riley, M. (1984). Constructive interaction: a method for studying human-computer-human interaction. In: *Proceedings of the INTERACT conference on human-computer interaction, London, UK, September 4–7.*

Open Software Foundation (1990). *OSF/motif style guide: Revision 1.0.* Upper Saddle River, NJ: Prentice-Hall, Inc.

Palen, L., & Salzman, M. (2002). Beyond the handset: designing for wireless communications usability. *ACM Transactions on Computer-Human Interaction, 9*(2), 125–151. https://doi.org/10.1145/513665.513669.

Patel, N. S., & Hughes, D. E. (2012). Revolutionizing human-computer interfaces: the auditory perspective. *interactions, 19*(1), 34–37.

Patton, J. (2002). Hitting the target: adding interaction design to agile software development. In: *Proceedings of the OOPSLA 2002 Practitioners Reports, Seattle, Washington.*

Patton, J. (2008). *Twelve emerging best practices for adding UX work to Agile development, 6/27/2008.* Retrieved from http://agileproductdesign.com/blog/emerging_best_agile_ux_practice.html.

Patton, J. (2014). *User story mapping: Discover the whole story, build the right product.* Sebastopol, CA: O'Reilly Media.

Paulk, M. C., Curtis, B., Chrissis, M. B., & Weber, C. (1993). *Capability maturity model for software, Version 1.1 (CMU/SEI-93-TR-24).* Pittsburgh, PA: Carnegie Mellon University.

Pering, C. (2002). Interaction design prototyping of communicator devices: towards meeting the hardware-software challenge. *interactions, 9*(6), 36–46.

Petersen, M. G., Madsen, K. H., & Kjaer, A. (2002). The usability of everyday technology: emerging and fading opportunities. *ACM Transactions on Computer-Human Interaction, 9*(2), 74–105. https://doi.org/10.1145/513665.513667.

Pew, R. N., & Rollins, A. M. (1975). *Dialog specification procedure (5129 (Revised Ed)).* Cambridge, MA: Bolt Beranek and Newman.

Pinker, S. (2014). *The sense of style: The thinking person's guide to writing in the 21st century.* New York, NY: Penguin Books.

Pogue, D. (2011). *Appeal of iPad 2 is a matter of emotions.* Retrieved from http://www.nytimes.com/2011/03/10/technology/personaltech/10pogue.html?_r=2&hpw.

Pogue, D. (2012). Technology's friction problem. **April**, *Scientific American, 28.*

Porter, L. H. (1895). *Cycling for health and pleasure. An indispensable guide to the successful use of the wheel.* New York, NY: Dodd, Mead and Company.

Potosnak, K. (1988). Getting the most out of design guidelines. *IEEE Software, 5*(1), 85–86.

Pressman, R. (2009). *Software engineering: A practitioner's approach* (7th ed.). New York, NY: McGraw-Hill.

Pyla, P. S., Tungare, M., Holman, J., & Pérez-Quiñones, M. A. (2009). Continuous UIs for seamless task migration in MPUIs: Bridging task-disconnects. *Ambient, Ubiquitous and Intelligent Interaction: Lecture Notes in Computer Science, 5612*(Pt III), 77–85.

Pyla, P. S., Tungare, M., & Pérez-Quiñones, M. A. (2006). Multiple user interfaces: why consistency is not everything, and seamless task migration is key. In: *Proceedings of the CHI 06 workshop on the many faces of consistency in cross-platform design, Montréal, Québec, Canada.*

Quesenbery, W. (2005). Usability standards: connecting practice around the world. In: *Proceedings of the IEEE International Professional Communication Conference (IPCC), 10–13 July 2005.*

Radoll, P. (2009). Reconstructing Australian aboriginal governance by systems design. *interactions, 16*(3), 46–49.

Reeves, B., & Nass, C. I. (1996). *The media equation: How people treat computers, television, and new media like real people and places.* Stanford, CA: CSLI Publications.

Reisner, P. (1977). Use of psychological experimentation as an aid to development of a query language. *IEEE Transactions on Software Engineering, SE-3*(3), 218–229.

Resmini, A., & Rosati, L. (2011). *Pervasive information architecture: Designing cross-channel user experiences.* Burlington, MA: Morgan Kaufmann.

Rhee, Y., & Lee, J. (2009). A model of mobile community: designing user interfaces to support group interaction. *interactions, 16*(6), 46–51.

Rice, J. F. (1991a). Display color coding: 10 rules of thumb. *IEEE Software, 8*(1), 86.

Rice, J. F. (1991b). Ten rules for color coding. *Information Display, 7*(3), 12–14.

Ries, E. (2011). *The lean startup: How today's entrepreneurs use continuous innovation to create radically successful businesses.* New York, NY: Crown Publishing Group of Random House.

Rising, L., & Janoff, N. S. (2000). The scrum software development process for small teams. *IEEE Software, 17*(4), 26–32.

Rogers, Y., & Bellotti, V. (1997). Grounding blue-sky research: how can ethnography help? *interactions, 4*(3), 58–63. https://doi.org/10.1145/255392.255404.

Rosenblum, L. D. (2013). A confederacy of senses. *Scientific American, 308*(1), 72–75.

Rosson, M. B., & Carroll, J. M. (2002). *Usability engineering: Scenario-based development of human-computer interaction.* San Francisco: Morgan Kaufman.

Roto, V., Law, E. L. -C., Vermeeren, A. P. O. S., & Hoonhout, J. (2011). *User experience white paper: Bringing clarity to the concept of user experience.* **Retrieved from** http://www.allaboutux.org/files/UX-WhitePaper.pdf.

Royce, W. W. (1970). Managing the development of large scale software systems. In: *Proceedings of the IEEE Western Electronic Show and Convention (WESCON) technical papers. Reprinted in proceedings of the ninth international conference on software engineering, Pittsburgh, 1989, August 25–28,* (pp. 328–338). Los Angeles, CA: ACM Press.

Russell, D. M., Streitz, N. A., & Winograd, T. (2005). Building disappearing computers. *Communications of the ACM, 48*(3), 42–48.

Savio, N. (2010). Solving the world's problems through design. *interactions, 17*(3), 52–54.

Schleicher, D., Jones, P., & Kachur, O. (2010). Bodystorming as embodied designing. *interactions, 17*(6), 47–51. https://doi.org/10.1145/1865245.1865256.

Schleifer, A. (2008). *Yahoo! design pattern library.* June 4, UX Magazine.

Scholtz, J. (2005). Have robots, need interaction with humans! *interactions, 12*(2), 12–14.

Schrepp, M., Held, T., & Laugwitz, B. (2006). The influence of hedonic quality on the attractiveness of user interfaces of business management software. *Interacting with Computers, 18*(5), 1055–1069.

Scriven, M. (1967). The methodology of evaluation. In: R. Tyler, R. Gagne, & M. Scriven (Eds.), *Perspectives of curriculum evaluation* (pp. 39–83). Chicago: Rand McNally.

Sears, A. (1997). Heuristic walkthroughs: finding the problems without the noise. *International Journal of Human Computer Interaction, 9*(3), 213–234.

Sellen, A., Eardley, R., Izadi, S., & Harper, R. (2006). The whereabouts clock: early testing of a situated awareness device. In: *Proceedings of the CHI conference on human factors in computing systems (extended abstracts)*.

Shattuck, L. W., & Woods, D. D. (1994). The critical incident technique: 40 years later. In: *Proceedings of the Human Factors and Ergonomics Society annual meeting*.

Shih, Y. -H., & Liu, M. (2007). The importance of emotional usability. *Journal of Educational Technology Usability, 36*(2), 203–218.

Shneiderman, B. (1983). Direct manipulation: a step beyond programming languages. *IEEE Computer, 16*(8), 57–69.

Shneiderman, B. (1998). *Designing the user interface: Strategies for effective human-computer interaction* (3rd ed.). Menlo Park, CA: Addison Wesley.

Shneiderman, B., & Plaisant, C. (2005). *Designing the user interface: Strategies for effective human-computer interaction* (4th ed.). Reading, MA: Addison-Wesley.

Sidner, C., & Lee, C. (2005). Robots as laboratory hosts. *interactions, 12*(2), 24–26.

Siegel, D. A. (2012). The role of enticing design in usability. *interactions, 19*(4), 82–85. https://doi.org/10.1145/2212877.2212895.

Simon, H. A. (1974). How big is a chunk? *Science, 183*(4124), 482–488.

Simonsen, J., & Kensing, F. (1997). Using ethnography in contextural design. *Communications of the ACM, 40*(7), 82–88. https://doi.org/10.1145/256175.256190.

Slivka, E. (2009). *Apple job offer 'unboxing' pictures posted* (p. 2). MacRumors. 10/05/2009. Retrieved from http://www.macrumors.com/2009/10/05/apple-job-offer-unboxing-pictures-posted/.

Smith, D. C., Irby, C., Kimball, R., Verplank, B., & Harslem, E. (1989). Designing the star user interface (1982). In: *Perspectives on the computer revolution* (pp. 261–283). Norwood, NJ: Ablex Publishing.

Smith, S. L., & Mosier, J. N. (1986). *Guidelines for designing user interface software (MTR-10090)*. Bedford, MA: Mitre Corporation.

Soon, W. (2013). *Design tips from Don Norman!* Retrieved from http://vorkspace.com/blog/index.php/hacking-don-norman/.

Souza, F. d., & Bevan, N. (1990). The use of guidelines in menu interface design: evaluation of a draft standard. In: *Proceedings of the INTERACT conference on human-computer interaction*.

Spool, J., & Schroeder, W. (2001). Testing web sites: five users is nowhere near enough. In: *Proceedings of the CHI conference on human factors in computing systems (extended abstracts), Seattle, Washington*.

Stake, R. (2004). *Standards-based and responsive evaluation*. Thousand Oaks, CA: Sage Publications.

Steve, J. (2000). *Apple's one-dollar-a-year man.* January 24th, 2000, Fortune.

Stock, W. G., & Stock, M. (2015). *Handbook of information science*. Berlin, Germany: K G Saur Verlag Gmbh & Co.

Strijland, P. (1993). Human interface standards: can we do better? *Standard View, 1*(1), 26–30. https://doi.org/10.1145/174683.174777.

Suchman, L. A. (1987). *Plans and situated actions: The problem of human-machine communication*. New York, NY: Cambridge University Press.

Sutherland, I. E. (1963). *Sketchpad: A man-machine graphical communication system* (PhD Dissertation). Cambridge, MA: MIT.

Sutherland, I. E. (1964). *Sketchpad: A man-machine graphical communication system.* Cambridge, UK: University of Cambridge.

Sweller, J. (1988). Cognitive load during problem solving: effects on learning. *Cognitive Science, 12*, 257–285.

Sweller, J. (1994). Cognitive load theory, learning difficulty, and instructional design. *Learning and Instruction, 4*(4), 295–312.

Taylor, F. W. (1911). *The principles of scientific management.* New York, NY, USA and London, UK: Harper & Brothers.

Theofanos, M., & Quesenbery, W. (2005). Towards the design of effective formative test reports. *Journal of Usability Studies, 1*(1), 27–45.

Theofanos, M., Quesenbery, W., Snyder, C., Dayton, D., & Lewis, J. (2005). Reporting on formative testing—a UPA 2005 workshop report. In: *Proceedings of the UPA international conference, Montreal, Quebec, June 27–July 1.*

Thomas, J. C., & Kellogg, W. A. (1989). Minimizing ecological gaps in interface design. *IEEE Software, 6*(1), 78–86.

Thomas, P., & Macredie, R. D. (2002). Introduction to the new usability. *ACM Transactions on Computer-Human Interaction, 9*(2), 69–73. https://doi.org/10.1145/513665.513666.

Thompson, C. (2010). The emotional gadget. *Wired Magazine, 18*(11), 66.

Thompson, C., & Vandenbroucke, B. (2015). Good vibrations: tech that talks through your skin. *Wired Magazine, 23*(1), 26.

Tidwell, J. (2011). *Designing interfaces: Patterns for effective interaction design* (2nd ed.). Sebastopol, CA: O'Reilly Media, Inc.

Tohidi, M., Buxton, B., Baecker, R. M., & Sellen, A. (2006). User sketches: a quick, inexpensive, and effective way to elicit more reflective user feedback. In: *Proceedings of the Nordic conference on human-computer interaction, Oslo, Norway.*

Truss, L. (2003). *Eats, shoots & leaves: The zero tolerance approach to punctuation.* United Kingdom: Profile Books.

Tufte, E. R. (1983). *The visual display of quantitative data.* Cheshire, Connecticut: Graphics Press.

Tufte, E. R. (1990). *Envisioning information.* Cheshire, Connecticut: Graphics Press.

Tufte, E. R. (1997). *Visual explanations: Images and quantities, evidence and narrative.* Cheshire, Connecticut: Graphics Press.

Tullis, T. S. (1990). High-fidelity prototyping throughout the design process. In: *Proceedings of the human factors and ergonomics society annual meeting, Santa Monica, CA.*

Tullis, T. S., & Albert, B. (2008). *Measuring the user experience.* Burlington, MA: Morgan Kaufmann.

Tullis, T. S., & Stetson, J. N. (2004). A comparison of questionnaires for assessing website usability. In: *Proceedings of the UPA international conference.*

Tungare, M., Pyla, P. S., Glina, V., Bafna, P., Balli, U., Zheng, W., et al. (2006). Embodied data objects: tangible interfaces to information appliances. In: *Proceedings of the 44th ACM southeast conference (ACMSE).*

U.S. Department of Health and Human Services (2006). *Research-based web design & usability guidelines.* .

Usability Net (2006). *Questionnaire resources.* Retrieved from http://www.usabilitynet.org/tools/r_questionnaire.htm.

Veer, G. C. v. d., & Melguizo, M. d. C. P. (2003). Mental models. In: *The human-computer interaction handbook* (pp. 52–80). Mahwah, NJ: Lawrence Erlbaum Associates Inc.

Vermeeren, A. P. O. S., van Kesteren, I. E. H., & Bekker, M. M. (2003). Managing the evaluator effect in user testing. In: *Proceedings of the INTERACT conference on human-computer interaction, Zurich, Switzerland.*

Vertelney, L. (1989). Using video to prototype user interfaces. *SIGCHI Bulletin, 21*(2), 57–61.

Virzi, R. A. (1990). Streamlining the design process: running fewer subjects. In: *Proceedings of the human factors and ergonomics society annual meeting.*

Virzi, R. A. (1992). Refining the test phase of usability evaluation: how many subjects is enough? *The Journal of the Human Factors and Ergonomics Society, 34*(4), 457–468.

Wasserman, A. I. (1973). The design of 'idiot-proof' interactive programs. In: *Proceedings of the national computer conference.*

Wasserman, A. I., & Shewmake, D. T. (1982a). Rapid prototyping of interactive information systems. *ACM SIGSOFT Software Engineering Notes: Special Issue on Rapid Prototyping, 7*(5), 171–180.

Wasserman, A. I., & Shewmake, D. T. (1982b). Rapid prototyping of interactive information systems. In: *Proceedings of the workshop on rapid prototyping, Columbia, Maryland.*

Webster, M. (2014). Integrating color usability components into design tools. *Communications of the ACM, 21*(3), 56–61.

Weiser, M. (1991). The computer for the 21st century. **September**, *Scientific American, 265,* 94–100.

Welie, M. v., & Hallvard, T. (2000). Interaction patterns in user interfaces. In: *Proceedings of the 7th pattern languages of programs conference, Monticello, Illinois.*

Westerman, S., Gardner, P. H., & Sutherland, E. J. (2006). *HUMAINE D9g, taxonomy of affective systems usability testing (Workpackage 9 deliverable).* Retrieved from https://pdfs.semanticscholar.org/5270/0d8282b807fb1dfd4fa0f7af454ee4a89447.pdf.

Whiteside, J. A., Bennett, J., & Holtzblatt, K. (1988). Usability engineering: our experience and evolution. In: M. Helander (Ed.), *Handbook of human-computer interaction* (pp. 791–817). Amsterdam, The Netherlands: Elsevier Science.

Whiteside, J. A., & Wixon, D. (1985). Developmental theory as a framework for studying human-computer interaction. In: R. Hartson (Ed.), Vol. 1. *Advances in human-computer interaction* (pp. 29–48). Norwood, NJ: Ablex Publishing.

Whiteside, J. A., & Wixon, D. (1987). Improving human-computer interaction—a quest for cognitive science. In: *Interfacing thought: Cognitive aspects of human-computer interaction* (pp. 353–365). Cambridge, MA: MIT Press.

Wickens, C. D., & Hollands, J. G. (2000). *Engineering psychology and human performance* (3rd ed.). Upper Saddle River, NJ: Prentice-Hall Inc.

Wildman, D. (1995). Getting the most from paired-user testing. *interactions, 2*(3), 21–27. https://doi.org/10.1145/208666.208675.

Williges, R. C. (1982). Applying the human information processing approach to human/computer interactions. In: W. C. Howell & E. A. Fleishman (Eds.), Vol. 2. *Information processing and decision making* (pp. 83–119). Hillsdale, NJ: Lawrence Erlbaum.

Williges, R. C. (1984). Evaluating human-computer software interfaces. In: *Proceedings of the international conference on occupational ergonomics, Toronto, May.*

Wilson, C. (2011). *Perspective-based inspection (Method 10 in 100 user experience design and evaluation methods for your toolkit).* March. Retrieved from http://dux.typepad.com/dux/2011/03/.

Winchester, W. W., III (2009). Catalyzing a perfect storm: mobile phone-based HIV-prevention behavioral interventions. *interactions, 16*(6), 5–12.

Wixon, D. (1995). Qualitative research methods in design and development. *interactions, 2*(4), 19–26. https://doi.org/10.1145/225362.225365.

Wixon, D. (2003). Evaluating usability methods: why the current literature fails the practitioner. *interactions, 10*(4), 28–34. https://doi.org/10.1145/838830.838870.

Wixon, D., Holtzblatt, K., & Knox, S. (1990). Contextual design: an emergent view of system design. In: *Proceedings of the CHI conference on human factors in computing systems, Seattle, Washington.*

Wixon, D., & Ramey, J. (Eds.), (1996). *Field methods casebook for software design.* New York, NY: John Wiley.

Wood, L. E. (Ed.), (1998). *User interface design: Bridging the gap from user requirements to design.* Boca Raton, FL: CRC Press.

Wright, P., Lickorish, A., & Milroy, R. (1994). Remembering while mousing: the cognitive costs of mouse clicks. *SIGCHI Bulletin, 26*(1), 41–45. https://doi.org/10.1145/181526.181534.

Wright, P. K. (2005). Rapid prototyping in consumer product design. *Communications of the ACM, 48*(6), 36–41.

Ye, S. X., & Qiu, R. G. (2003). Global identification code scheme for promptly retrieving the pertinent information of a worldwide uniquely identifiable object. In: *Proceedings of the international conference on control and automation (ICCA).*

Young, R. M., Green, T. R. G., & Simon, T. (1989). Programmable user models for predictive evaluation of interface designs. In: *Proceedings of the CHI conference on human factors in computing systems.*

Young, R. R. (2001). *Effective requirements practices.* Boston, MA: Addison-Wesley Professional.

Zhang, P. (2009). Theorizing the relationship between affect and aesthetics in the ICT design and use context. In: *Proceedings of the international conference on information resources management, Dubai, United Arab Emirates.*

Zhang, P., & Li, N. (2005). The importance of affective quality. *Communications of the ACM, 48*(9), 105–110.

Zhang, Z., Basili, V., & Shneiderman, B. (1999). Perspective-based usability inspection: an empirical validation of efficacy. *Empirical Software Engineering, 4*(1), 43–69. https://doi.org/10.1023/a:1009803214692.

Zieniewicz, M. J., Johnson, D. C., Wong, D. C., & Flatt, J. D. (2002). The evolution of army wearable computers. *IEEE Pervasive Computing, 1*(4), 30–40.